U0131665

ILSE SAND

[丹] 伊尔斯·桑德——著

黄怡雪——译

台海出版社

北京市版权局著作合同登记号：图字01-2022-3262

图书在版编目（CIP）数据

内疚清理练习 / (丹) 伊尔斯·桑德著 ; 黄怡雪译
. -- 北京 : 台海出版社, 2022.9
ISBN 978-7-5168-3340-7

Ⅰ. ①内… Ⅱ. ①伊… ②黄… Ⅲ. ①心理学一通俗
读物 Ⅳ. ①B84-49

中国版本图书馆CIP数据核字(2022)第113236号

内疚清理练习

著　　者：〔丹〕伊尔斯·桑德　　　　译　　者：黄怡雪

出 版 人：蔡　旭
责任编辑：赵旭雯

出版发行：台海出版社
地　　址：北京市东城区景山东街20号　　邮政编码：100009
电　　话：010-64041652（发行，邮购）
传　　真：010-84045799（总编室）
网　　址：www.taimeng.org.cn/thcbs/default.htm
E-mail：thcbs@126.com

经　　销：全国各地新华书店
印　　刷：北京世纪恒宇印刷有限公司
本书如有破损、缺页、装订错误，请与本社联系调换

开　　本：710毫米×1000毫米　　1/16
字　　数：105千字　　印　　张：11
版　　次：2022年9月第1版　　印　　次：2022年9月第1次印刷
书　　号：ISBN 978-7-5168-3340-7

定　　价：58.00元

内疚指数自我检测

你容易觉得内疚吗？

内疚和关系有关。在一段关系中，你可能会对某些事情感到内疚；在另一段关系中，你对于同样的事情却不会那么认真。因此，在做测验时，应该要想着某个特定的对象。如果你测验了数次，每次都想着不同的对象，就可以比较测验的结果。

你在测验中检视的这个特定对象、这个与你的内疚感相关的人，我称之为“对方”。这个人可能是你的父母、朋友或同事。事实上，这个人可以是任何你想检测自己对其有何反应的对象。从逻辑上来说，测验结果将显示你自己、对方及你们之间的关系是怎样的状态。

重点是记录当下出现在脑海中的答案，不要想太多。等到完成测验后，再去阅读解析，否则可能会影响测验结果。

以下 1、2 两组共 24 道题目，请依据个人感受程度，逐题填入分数。

0：完全不符合　1：几乎不符合　2：有一点符合

3：几乎符合　　4：完全符合

第 1 组问题

①如果注意到对方身上有我不喜欢的地方，我会感到内疚。

（　　）

②如果对方心情不好，我却很开心，我会感到内疚。

（　　）

③如果对方觉得他比我认为的还要聪明、还要漂亮、还要 好，我会因为自己觉得他并没那么好的想法而感到内疚。

（　　）

④如果对方说的话让我很想翻白眼，我会感到内疚。

（　　）

⑤如果我想说些可能会伤害对方的真话，我会感到内疚。

（　　）

⑥如果我因为跟对方在一起的时候没有任何贡献而觉得难受，我会感到内疚。（　　）

⑦如果对方让我知道他对我的期望很高，我对他却没有同样的期望，我会感到内疚。（　　）

⑧如果对方邀请我去参加他的生日派对，我却不想接受邀请，我会感到内疚。（　　）

⑨如果对方自豪地向我展示他做的某样东西，我却不喜欢，我会感到内疚。（　　）

⑩如果对方生病，我会因为自己没有生病而感到内疚。（　　）

⑪如果我因为对方无力改变某件事而生他的气，比如他的外表，我会感到内疚。（　　）

第 1 组问题合计（　　）分

第 2 组问题

⑫如果对方和我计划一起出去，我却临时取消了，我会感到内疚。（　　）

⑬如果我和对方在一起的时候，多半是我在说话，我会感到内疚。（　　）

⑭如果对方心情不好，我会感到内疚，觉得自己应该做更多，

帮他心情变好。（　　）

⑮如果对方觉得我毁了他想做的某件事，我会过意不去，并向对方道歉。（　　）

⑯如果对方来看我，但气氛有点沉闷，我会猜想是不是自己做错了什么。（　　）

⑰如果对方在我面前露出不赞成的表情，我会急切地想要知道自己可以做些什么，好让他用开心的表情看着我。（　　）

⑱如果对方心情不好，我会感到内疚，并且反思自己做错了什么。（　　）

⑲如果对方不满意我所做的事情，我会感到内疚，并试图改变自己的行为。（　　）

⑳如果对方对于某件事的谈话引不起我的兴趣，我会感到内疚。（　　）

㉑如果对方打来电话的时候我没有接，我会感到内疚。（　　）

㉒如果我忘了对方的生日，我会感到内疚。（　　）

㉓如果我说的话伤害到了对方，我会感到内疚，即使我不是故意的。（　　）

㉔如果我和对方约定见面，却迟到超过 15 分钟，我会感到内疚。（　　）

第 2 组问题合计（　　）分

第 1 组 + 第 2 组合计（　　）分

第 1 组问题的总分在 0 ~ 44 分之间。

第 2 组问题的总分在 0 ~ 52 分之间。

把两组分数相加，你的总分在 0 ~ 96 分之间。

内疚检测解析

测试分数高，意味着什么？

第 1 组问题评估的是你产生非理性内疚的倾向；第 2 组问题评估的是你产生理性内疚的倾向。

得分越高，表示你越负责，也越可能因为内疚而不堪负荷。

第 1 组总分

第 1 组的所有问题，都跟你无法掌控的事情有关。例如你的感觉或是你想达到的目标。换句话说，这就是非理性的内疚和过度的责任感。只要有任何一题的分数是 0 分以上，就表示你产生了非理性的内疚感。

你的总分越接近 44 分，以下特质就可能越适用于你：

你是可以让别人依靠的人。

你很希望身边的每个人都能一直开心。

如果别人想要推卸属于他们的责任，你很容易成为他们的目标。

对你来说，当个好朋友、好伙伴、好父母是很重要的。

你会认真看待别人的批评，而且很容易接受这些批评。

对你来说，设立界限是很困难的。

你很容易成为被欺凌的目标。

你因为内疚和无力感而不堪负荷。

利用本书提到的练习清理自己的内疚，你在这一组题目的总分就会下降，你的人生也会更轻松。

第 2 组总分

你的总分越接近 52 分，就表示你在关系中越认真，以下的特质也就越可能适用于你：

对你来说，当个好朋友并信守承诺是很重要的。

如果某个跟你亲近的人心情不好，你会在力所能及的范围内伸出援手。

对别人的痛苦，你会很愿意考虑自己是否需要承担部分责任，如果确实如此，你也已经准备好要做出弥补。

如果你犯了错，不需要其他人来纠正你，因为你会立刻怪罪自己，并且努力确保之后不会再发生同样的事。

冲突发生之后，你愿意和对方各退一步。

对你来说，和气待人是很重要的。

第 2 组的所有问题，都跟你有影响力的情境有关，而你第 2 组问题的总分不仅会表明你理性的内疚，也包括了非理性内疚的程度。

高分表示对方，或是你与对方的关系……

如果某段关系的总分比其他关系要高，请回想一下这段关系的状态，仔细想想以下的一个或多个叙述是否属实。

● 对方对你意义重大

与重要的人相处时，我们的情绪波动会更大，负面情绪也是如此，比如愤怒和内疚。

● 对方对你的生活或处境有很大的影响力

比如老板、房东或合伙人。

●对方很依赖你

如果对方得了重病，要是没有你的帮助，他就没办法照顾好自己，你自然会承担更多责任。

●你于对方意义重大

你知道对方对你的评价很高。比如说，如果你是主动取消约会的人，他会比较失望。

●对方是你的孩子，而且还未成年

孩子还小时，我们对他们有非常特殊的责任。

●对方缺乏责任感

你可能注意到对方过得并不好，但他并没有负起改变自己处境的责任或是寻求必要的帮助。而你很难眼睁睁地看着对方痛苦。

●对方觉得自己比较好

如果对方总是觉得自己比别人厉害，那么你就容易觉得自己无能。有些人过于自信，导致他们身边的人往往在某些方面缺乏自信。

●对方指派给你的，是你无法扮演的角色

也许你的父亲或母亲表现得很不负责任，他们却希望你负起责任。另一个角色混淆的例子，则可能会在你的伴侣把你当成他的父亲或母亲时出现，你会感觉自己被迫无条件地爱他，就像他的父母那样。在这样的情况下，你或许会因为无法符合对方的期待而感到内疚。

对测验结果持保留态度

别忘了，根据你做测验时心中所想对象的不同，测验结果会有所差异。如果对方和你很亲近（比如你的孩子），得分就会比想着某个较不亲近的对象时要高。

测验针对某人的结果从来就不够全面，因为有太多未被考虑的因素。此外，测验结果也会因为你当天的心情或生活状况而有所出入。

目录

推荐序

你也是良心过剩的人吗？

“健康的羞愧”是好的，它会让我们成为一个会反思、有界限、能对自己负责的人。但“不健康的羞愧”会让我们经常感到内疚、良心不安。

现今良心过剩的人有很多，他们通常活得比一般人辛苦。根据我从事心理咨询的经验，造成一个人内疚、自责的根源，主要来自他的“童年经历”。

父母对孩子的不当管教、批评、控制，甚至语言暴力、情绪暴力、虐待等，都会让孩子的身心严重受创。如果没有得到疗愈，孩子长大以后就会将父母的暴力语言与批判“内化”，在心中形成一个“挑剔鬼”，继续自我批判，时时感到自责、内疚，从而让他们不得安宁。

不要忽视童年的受虐经历，它会让我们变成一个“低自尊”的人。因为低自尊，所以我们会觉得：我“应该”为别人的情绪负责，别人不快乐、过得不好都是我的错。

如果想要好好生活、停止内心的内疚与自责，那么我们就必须让内心的“挑剔鬼”闭嘴。具体做法就是本书一再提及的，做一个有界限感的人。

有了界限以后，你才能够去分辨：哪些是我的责任，是我该负责的；哪些不关我的事，我得把责任还给别人。

有了清楚的界限以后，你才能安然度日。

如果你也是一个良知过剩的人，建议你阅读本书，或许会对你有帮助。

——周志建　资深心理师、故事疗愈作家

自 序

善待自己，重拾强大的自我力量

良心，是我们用来评价自己的标准。你之所以翻开这本书，或许是因为你偶尔会用严厉的眼光评断自己。

自我评价可能是真实的，但往往受到许多影响，而变得过于负面。

感到内疚、良心不安，说明你是个负责任的人，想为自己和他人做出正面的贡献。

你或许不会在人生的每个面向都认真负责。有些人热衷于国际大事，有些人则更愿意在一些实际问题上承担责任。本书主要讲述我们在关系中承担的责任。

比如说，有些人很快就会觉得要对不好的气氛、某个过得不好或感到受伤的人负责，而自己则因为过度的内疚不堪负荷。有些人却很少或从来不觉得，自己应该为任何负面的情况感到内疚。

大多数人都介于这两个极端之间的某个位置，但我们终其一生都会来回摆荡。我们会拥有好时光，或有一段时期用正面的眼光看待自己和他人的人生。接着坏时光会到来，我们又会自我批评和良心不安，觉得自己没负起责任。

当牧师时，我有很多时间都在聆听他人的诉说，这些人因内疚或良心不安而心情沮丧。成为心理治疗师后，我开始有机会帮助他人，从更深的心理层面检视自己的情绪。

本书提供了一些工具，可以帮你减缓内疚感，并学会用友善的眼光看待自己。此外，你可以学到如何针对自己的人生守则做出改变，如何摆脱不属于自己的责任，如何与内心的恐惧成为朋友，并抛开一切让你感到疲惫的挣扎。本书也会带领你找回力量，承担自己应该负起的责任，与相关人共同分担责任。

在进入正题前，你可以先做一做书中提供的“内疚指数自我检测”，评量一下自己的内疚指数。

本书第一章解释了何谓“良心不安”，也探讨了何时可以用正向的方式进行自我批评。

之后会有三个章节讲述“责任感”。当不好的事情发生时，你身边亲密的朋友或家人可能会选择闪躲。如果你很容易良心不安，就会成为这些人推卸责任与内疚感的头号目标。因此，了解其中的运转机制和保护自己的方法是非常重要的。

每一章的结尾都提供了练习，帮助你了解自己的内疚感，并分辨哪些感受是合理的，哪些感受是非理性的。

最后，我们列出书中所有的“内疚清理练习”，方便你快速查找与学习。

祝你在这趟了解自己、探究关系的旅程中，一切顺利。

前　言

脱离内疚掌控，获得内心自由

如果不接母亲打来的电话，他就会感到内疚。因此，即使是不想被打扰的时候，他也会接电话。

她很喜欢吃香蕉，但如果超过一根，她就会觉得良心不安。

他很讨厌运动，但每周总要出门跑步一两次，否则就会感到内疚——因为他曾经发誓要保持身材，不能不履行对自己的承诺。

……

我也很容易出现良心不安的感觉，当时我还只是个住在丹麦北方的一个农场的小女孩。有一次，我捉到两只蟾蜍，把它们放在装满水的盆里，好让它们在里面游泳。之后，就完全忘了它们。后来，当我终于想起这件事并去查看时，它们已经死了。当时我年纪还小，但也知道那是我的错。这让我很不开心，而且羞愧到根本不敢告诉任何人。

虽然我会承担太多责任，但也很了解该如何适时回避责任。对于日常琐事，我时常会设法让自己隐形。

这和我爱的人所承受的痛苦是不同的。有一天，我去医院探望母亲。穿过其中一间病房时，我正好走过一面镜子，并对着镜中的自己微笑。我为自己感到骄傲，因为我设法把那次探访挤进忙碌的行程表中，即使开了 130 千米的车让我感到筋疲力尽。

两个小时后，我在同一面镜子中看到自己的影像，顿时害怕地倒退了几步。我的脸色蜡黄又铁青，看起来就像个得了重度抑郁症的人。我因为良心不安而心力交瘁，以致根本无法思考。

那时候，跟母亲在一起总会让我感到心力交瘁。可能是她总会说起隔壁病床那位女士的故事——她的儿子每天都会来看她，即使他住的地方离医院的距离比我还要远；可能是母亲看着我的眼神；可能仅仅是我们之间淡薄的情感联结。

不管是小时候还是长大后，在与母亲相关的情绪中，我最常感受到的就是内疚。我知道那是非理性的，但还是花了几十年的时间才得以疗愈。

此外，当了解了内疚和责任的运转机制后，我终于摆脱了内心的禁锢。当我理解了良心不安可能会掩盖其他情绪时，这一切对我而言就全说得通了；当我能接纳自己在内疚感变淡时流露出的无助和悲哀时，自由也随之到来；当恢复了自己的权利——可以拥抱全然稀松平常的感受，像是愤怒、无助和快乐时，我才感到真正解放。

我希望能以自己的个人经历，以及担任牧师和心理治疗师的工作经验，帮助各位清理心中过多的内疚感，并学会以友善的眼光看待自己，从而在关系中变得更加自在。

第一章

内疚与良心不安

良心不安，可以带领你，

也可能会误导你。

本章重点整理

内疚只有理性与非理性两种区别，后者与当下的情况通常是不相关的。

良心不安是由以下情绪组成的：愤怒、恐惧、悲伤，或许偶尔还会有点快乐。

有些人总会否认自己应该为任何负面情况负责，有些人则会努力想表现完美，希望能避免让自己觉得良心不安。幸运的是，除了这两种做法，还有更多选项。在后文中，我们将进一步讨论。

当你做了某件会带来负面影响的事情时，就会产生良心不安的感觉。比如说，朋友很期待和你一起出去，你却取消了约会；或是你原本发誓要去健身房，却窝在沙发上伸懒腰。

感到内疚 = 成为某件坏事发生的原因

良心不安，是因为你做了某件伤害自己或他人的事情，或是这件事和你自己或他人的价值观相矛盾，而让你苦恼。你也可能因为没做到某件自己或他人觉得你应该做到的事，而产生罪恶感。如你所见，内疚感和良心不安，意义相近，我会在本书中交替使用这两个词汇。

良心不安，可以引导你，也可能会误导你。有时候，良心不安会诱使你去弥补某件事；有时候，良心不安则可能会给你压力，让你做出超越自己能力范围的事，或是让你对自己和价值观妥协。

比起责任本身，内疚感更能反映你是个怎样的人。你可能确实犯了错，却不觉得内疚；你可能尽管觉得内疚，但事实上并没有做错什么。

同样的，比起你是个怎样的人，有时候你的良心不安更能说明让你感到内疚的对象，或你和对方的关系。如果做了书前的检测，你就会发现，进行测验的时候若想着不同的对象，将影响测验的结果。或许你早已注意到，自己对某些小失误感到内疚（例如迟到 5 分钟），因为这项失误跟某个特定对象有关。但要是换个对象，你便不会感到困扰。

当目标换成自己而非他人，你良心不安的程度，也可能有所差别。

即使我对自己承诺，星期六要放松一整天、不做任何计划，到最后我还是没办法拒绝朋友，因为他想跟我一起出门闲逛。如果我拒绝，他会心情不好，我也会因此感到内疚。

——卡琳娜，28 岁

卡琳娜选择了让她不那么内疚的方式：接受朋友的邀请。假设换作别人，拒绝朋友或许不会有任何困难。但卡琳娜又非常重视对自己的承诺，因此比起拒绝朋友，打破自己的誓言会让她更内疚。

良心不安：理性的或非理性的

若你的良心不安与你已做或是没做的事情有关，它就是理性的内疚。比如说，排队时不小心撞到别人，良心不安会让你想道歉，这是很合理的。如果你正为了减肥而节食，却吃了冰激凌，或是没有按照自己的计划运动，或是在某些方面没有遵循自己的价值观，因而感到内疚，你的良心不安将会促使你走向对的方向。

如果你感到内疚，却不太明白确切的原因，或是这种内疚感是因为某个超出你控制范围的意外或状况，那么你的良心不安就是非理性的。

理性的良心不安——你感到内疚的程度，会和你对当下的状况有多大的影响力，以及因此造成多大的伤害相对应。

非理性的良心不安——以当下的状况而言，你内疚的程度太夸张了。

懂得分辨这两种良心不安是很重要的，因为它们必须用不同的方式处理。你必须明白，非理性的内疚感是不恰当的。有关如何应对非理性的良心不安，你可以阅读第十章。在本章，我们先专注讨论理性的部分。

你必须正面迎击和当下面临的情况有关的内疚感，但不允许内疚感对自己的生活握有太多掌控权。

对你来说，承认理性的内疚并察觉到良心不安是很困难的，你可能会很容易落入陷阱、运用不恰当的策略，最后对你的人际关系造成不好的结果。

鸵鸟法和蚂蚁法：两种错误策略

如果可以一直让每个人（包括你自己）都开心，就能避免产生良心不安的感觉。不幸的是，这种情况通常很少发生，你往往必须做出选择并排出优先级。假如你受邀参加在同一天举办的两场聚会，你一定会让其中一方失望。假如你选择把周末的时间都花在整理院子上，你可能会感到内疚，因为你没有打扫房子，也因此不符合自己对清洁的标准（或是因整理院子而没能去拜访真的很需要跟你见面的朋友）。

问题在于，你如何处理自己的良心不安。以下说一说两种最常用的策略。我把第一种称为鸵鸟法，指的是鸵鸟把头埋在沙子里，以避免看到令自己恐惧的东西。第二种则是蚂蚁法，因为蚂蚁不仅渺小，还任劳任怨。

鸵鸟法：有些人不愿承认他们已经做出了选择。他们总是能解释为什么必须这样做，或者他们是因为别人才这样做的。

蚂蚁法：有些人会尽其所能让周围的人开心和满足，希望避免任何坏事发生。如果这么努力却还是失败了，而且周围的人还感到失望的话，他们就会尽其所能做出补偿，比如会变得极度合作、极力取悦他人，或是自欺欺人。

这两种策略都会让关系变得紧张。

采取鸵鸟法，将很难在冲突过后与对方和解。假如你根本不认为自己是罪魁祸首，就不可能选择与对方各退一步、共同承担该负起的责任。

采取蚂蚁法，则容易感到筋疲力尽、越来越不在乎关系中的对方，因为你对他的期待或要求毫不设限。此外，你可能会面临压力过大的风险，或是因此感到沮丧。你也会让自己变得渺小，因为你成了别人期待的奴隶。

我会在后续章节介绍因内疚而不堪负荷的应对策略。在这里，我们先来检视良心不安的感觉中所包含的情绪。

良心不安的组成要素

在所有的人类身上，以及其他一些进化程度较高的物种身上，都能看到基本的情绪。除此之外的其他情绪，则可以解释为基本情绪的各种混合形式。

对于哪些情绪应该被视为基本的情绪，并没有定论。但所有心理学家都认同以下四种情绪属于基本情绪。

- **愤怒**
- **恐惧（焦虑）**

- **悲伤**
- **快乐**

这四种情绪，足以涵盖我们的大多数感受。比如说，悲伤和愤怒混合就等于失望，焦虑和快乐混合等于兴奋。

良心不安的感觉通常包含以上情绪，其中愤怒经常会被压抑。

愤怒：你会责备或怪罪自己。

恐惧：你会害怕别人或自己的愤怒或评断。或者，你可能会担心事情以某种方式变得对你不利。

悲伤：你会希望自己或其他人有不同的行为表现，或是情况可以有所不同。

快乐：你会因为某件事不是发生在你身上而心怀感激，或是感到庆幸。

以下是两个关于良心不安的例子，各自包含了三到四种基本的情绪。

有一天，我觉得压力爆表。当时我在开车，没看到前方有辆车，因此发生追尾。我感到很内疚，因为对交通状况不够警觉而怪罪自己，也害怕男朋友和前方车辆的车主生气。修车必须花钱，我也得承认自己根本就不是自以为的完美司机。我感到很抱歉。然而，我其实有些庆幸，因为我的车只有一道小刮痕，不像前方的车辆被撞出了一个大凹洞。

——珍，25 岁

我整天都在打游戏，即使早已承诺自己要收拾房间。由于没完成该做的事，那天晚上我很内疚，也对自己生气，还害怕大家会批评我，因为我的公寓既乱又脏。我觉得心情很不好——显然我没有达成这个自己所期待的要求：要表现得整洁又有规律。

——乌雅，38 岁

悲伤很少会是造成问题的原因，它其实是一种健康的反应——除了你自己，也会让别人想帮你或照顾你。然而，压抑的愤怒会使你筋疲力尽。害怕自己及他人的愤怒或批评，则会导致自我压抑。后面的章节中会有更多说明。

你可以这样练习

为情绪分配比例

回想某个曾让你感到内疚的情境。仔细想想其中的各种基本情绪。如果你想的话，可以在每种情绪上加上百分比。

- **压抑的愤怒：20%**
- **恐惧：70%**
- **悲伤：8%**
- **快乐：2%**

第二章

自我批评或自我谴责

意识到你正在攻击自己是很重要的。

想要改变自身状态，

这样的意识尤其必要。

压抑愤怒不仅仅只会产生坏的效果，也可能会有好的影响。比如说，当内心的愤怒推动你去完成一些很重要的事情时，那就是正面效果；若它引起压力和沮丧，那就是负面效果。

你可能会因为批评自己而感到难以负荷，因为这些批评剥夺了你的能量和阳光般的好心情。

压抑的愤怒（通常会以自我批评或自我谴责的形式出现）可能导致头痛、抑郁以及其他许多不良的状况，但它也可能会有正向的功用。我们先谈谈愤怒的正向功用，再来探讨负面影响。

有时候，骂自己可以避免其他人对你做出同样的举动。如果你犯了一个伤害别人的错误，比起看上去不当一回事，甚至假装什么都没发生，表现出对此感到内疚的样子，对方就不会对你生那么大的气。

压抑的愤怒也可能促使你做出对自己有益的事。如果你在努力减肥的同时买了冰激凌，自责就可能会强迫你把冰激凌放进冰箱，而不是把它吃掉。

自我批评也可能有助于激发更大的改变。

每当我长时间感到心情不好时，心里就会有个声音开始尖叫："快点，你需要做一些改变，你现在的做法是行不通的！"有时候，这个声音会把我推出自己的舒适圈，促使我去做一些我平常不敢做的事，比如独自旅行，或是向专业人士寻求帮助。

——乌菲，48 岁

自我批评可以激发你改变不再对自己有利的生活方式，也可能会带领你做出对别人有益的事情。

比如说，如果你忘了母亲的生日，你的内疚可能会告诉你："你下次会做得更好。"也许你的内疚说得没错。你可以选择听从它、按照它的意思去做——比如说，为某件事做出弥补。

让自我批评来纠正你

当意识到某些不好的事是自己的错时，我们会很容易想以道歉或尽力弥补的方式来应对当下的情况。如果你忘了母亲的生日，你可以提议改天再过去看她，或是送一束花给她。如果你真的为自己已做或是没做的事情感到抱歉，仅仅表达你的遗憾就足够了，不论是你自己还是对方，都会因此释怀，不再记挂着这件事。

道歉是没有失效日期的，永远不嫌晚。

如果你偶尔会涌现理性的内疚感，却没有采取行动，其中也许还有别的原因，比你以为的更让你感到揪心。

我曾有一位多年好友。我很高兴能认识她，但有一天我们决定不再见面了，因为无法解决的冲突毁了我们对彼此的好感。埃达写了一封非常温馨的告别邮件给我，特意为我们曾共度的美好时光感谢我。但当时我实在太生气了，所以并没有回复她。然而，这么多年来，我还是会偶尔想起，那真的是一封非常温馨而且很长的电子邮件。这让我感到很内疚。

——汉纳，55 岁

对汉纳来说，处理这个问题是很容易的，而且还会获得比她以为的更深刻的自我满足感。比如说，她可以这样写信给埃达。

亲爱的埃达：

虽然已经过了很久，但我确定你一定还记得我。2004 年，我们要结束友谊的时候，你写了一封非常温馨且深情的邮件向我道别。我花了很多年才理解你的用意。你想得实在很周到，埃达，谢谢你写的邮件。我也很高兴能够认识你，想起我们曾经共度的美好时光，我觉得很开心。祝福你一切都好。

爱你的汉纳

通常我们得先让自己振作起来，才能去处理那些让人不得安宁的事情。而处理后得到的回报，除了与自己价值观相符的感受，还会有极美好的、松了一口气的感觉。

不过，有些时候，要处理这类情况并没那么简单。

痛苦中蕴含的成长潜力

在我成长的过程中，只有母亲和我相依为命，因此我们的关系非常亲密。她上了岁数生病后住进护理之家。某一天，护理之家打电话来说，如果我希望她过世的时候能在场，最好过去一趟。当时我正在参加由自己安排的研讨会。我决定赌一把，希望她可以多活一天，或至少等到我完成简报之后。那种感觉就像是，我不相信这位一生中克服了许多挑战、坚强无比的女性会死。然而，等我赶到护理之家的时候，已经太迟了。之后有好长一段时间，我都深受内疚感的折磨。

——麦兹，58 岁

针对上述情况，已经无法再做些什么，只会让人很想把它从脑海里抹去。然而，代价实在太大了，最后会让我们变得消极，也会和自己的情绪失去联结。

即使会很痛苦，我们还是需要妥善处理这种情况。麦兹越是允许自己觉察这段经历，就会越快接纳自己的情绪。有很多方法可以用来处理这样的挫折。我们可以写信给死者，说出我们来不及说的话。若有可能，也可以向他人诉说，或是寻求专业人士的协助，比如说，大多数心理咨询师都很擅长与人谈论内疚的感受。

所有痛苦都蕴含着成长的潜力。人们一直觉得麦兹是个苛刻的人，但自从失去母亲之后，他就不再那么严厉地评断他人了。他的母亲一直很担心他待人严苛的作风，但现在对麦兹来说，想象他母亲会在某个地方看着他，却是件好事。母亲要是知道麦兹把失去她的痛苦化为自己个性中崭新而温柔的那一面，她一定会很开心。

如果你不曾与自己和解过

前述某些例子中，自责其实会带来好的结果。但有些时候，自责会损耗你的精力，对任何人都没有好处。特别是当自我批评或多或少是出于自动反应，而且我们并不完全了解发生了什么事的时候，这样的情况就会更容易出现。

我们通常不会听到自己内心的真正想法或对话。我有一位来访者，当我在心理咨询过程中和她一起探索时，她才惊讶地发现她跟自己对话的方式。“你这个白痴”“现在你搞砸了”或是“你早就该料到的”，都是不友善的自我批评。

如果你想发现自己内心的批评，就必须在情绪骤然低落，或开始焦虑的时候特别警觉。可以问问自己："我现在在想什么？"或是："当我感觉自己的情绪变化时，我对自己说了什么？"

尤其要警觉"应该"这个词，比如"我应该要采取不同的做法，我应该要更开心、更好客、更聪明、更友善……"，或是任何你对自己的要求。我们会在批评中使用"应该"这个词。我们可能会把它向外发泄——"你应该……"，或是向内压抑——"我应该……"。

如果你不曾与自己和解过，那你对自己说话的方式和语气，或许会和小时候父母对你说话的样子如出一辙。如果他们的态度充满爱，你就会用充满爱的方式跟自己说话；如果他们的态度带有批判意味，你往往也会跟着批评自己。

意识到你正在攻击自己是很重要的。想要改变自身状态，这样的意识尤为必要。首先，你必须弄清楚你的自我批评是建设性的，还是正在毫无理由地破坏你的情绪。若是后者，你就得把它放到一边，并开始对自己传送友善的信息。

练习用友善的眼光看待自己

当你发现自己习惯了因为无能为力的事而自我批评时，你需要养成新的习惯来战胜旧的习惯。

改变习惯需要坚持一段很长的时间。下面的方法可以训练你对自己仁慈一点：准备一本专门用于这项练习的笔记本。至少一天一次，把重点放在你所做的好事或有建设性的事上，把它们写在笔记本里。像父母看待孩子那样，用充满爱的眼光来看待自己。即使这些正向的努力最后没有达成你希望的结果，也要为了良好的动机认可自己。每天至少写下三件事。

玛伦在她的笔记本里写下如下改变。

今天早上我醒来时，脑中就浮现出这个想法：试着对同事友善一点。我去上班的时候，其实没有任何机会这么做，而且我还忘了自己的誓言。但这个想法真的很好，我很开心自己会这么想。

我决定走楼梯，还一下爬到五楼，即使自己原本想坐电梯。这么做不只对我自己好，也为低碳环保尽了一份力。

我问杰斯柏要不要跟我一起出去走走。虽然他的日程上已经没有任何空当了，我还是觉得自己有勇气开口，是很棒的事。

当你训练自己培养新习惯时，应该坚持至少 3~4 个月。时间足够长，你的大脑才会习惯新的做事方式。

你可以这样练习

觉察你的自我批评

当觉得心情低落时，你可以问自己：“当时我在想什么？”来发现内心的自我批判。把你怪罪自己的原因写下来。

如果你发现的信息，是要去做一些和平常不同的举动，或是为你对某个人说的话、做的事做出弥补，可以考虑采取具体行动。

如果你发现批评只是坏习惯，就把这个习惯改成比较有建设性的方式。每天在笔记本里写下自己做的三件事，或是值得称赞的三个想法。每天这么做，坚持 3~4 个月。

第三章

影响力与内疚感

自己对某件事没有影响力，
而我却因此自责，是没有道理的。

如果某件事出了差错，掌控状况的人就得承担责任。如果你对那件事没有影响力，就不该因为发生的状况而自责。

只有你一个人承担责任的情况是相当罕见的，你往往只是其中的一个。比起承担百分之百的责任，发现你其实可以和其他会影响这件事的人分担责任，你将感觉如释重负。

影响力和内疚感有密切的关联。如果你对某个状况没有影响力，那么那件事出错就不是你的问题。比如说，你的母亲因困顿的童年而感到痛苦，那不是你的错；你任职的公司正苦苦挣扎于早在你进公司前就开始的财务赤字，那也不是你的错；暴风雨毁了你出海的计划，那当然也不是你的错，因为你根本无法对天气做些什么。

自己对某件事没有影响力，而我却因此自责，是没有道理的。这一点跟司法系统抱持的看法相同。

因此，当你想对自己的良心不安做些什么的时候，你需要考虑的最重要的问题是：**我对这个状况有多大的影响力？**

如果你对一团乱的厨房感到良心不安，问问自己："当时我在家，我可以做些什么吗？"如果答案是肯定的，你的内疚就是合理的。但在海伦的例子中，却不是如此。

一年前，压力几乎要压垮我。我向公司请了病假，但还不只是这样。我答应了某个朋友会帮她，最后却不得不告诉她我做不到，因为我要参加孩子学校的亲师会。我朋友对我的食言感到很不满，老师也说那是很重要的活动。这让我觉得很内疚，感觉自己表现得不够好。

当我问自己"对当下的状况有多大的影响力"这个问题时，"生病绝对不是我愿意的”这个回答让我感觉松了一口气。我知道那并不是我的错，尽管别人觉得很失望。

——海伦，42 岁

除了问自己对某个状况有多大的影响力，还可以问自己：**我是唯一有影响力的人吗？**

影响力清单

也许你确实对某个状况有影响力，但还达不到你原本以为的程度。有时候，我们会觉得自己该为某件事负全责，但我们对那件事可能只有部分的影响力；有时候，我们会否认自己应负的责任，尽管我们确实对那个状况有所影响。

当一场家庭庆生会的气氛变得紧张起来，很少仅是因为某个人的错，在场的每个人都对房间里的情绪张力有所影响。有些人会很快为此负起责任，有些人则会立刻选择闪躲。

如果能转换一下想法，从“这都是我的错”变成“事情会变成这样，有很多人需要负责，我只是其中之一”，就会感觉松了一大口气。

举个例子：苏菲的女儿莉妮在学习阅读时遭遇了很大的困难。苏菲认为这是因为她陪女儿练习的时间不够，或是她没办法确认莉妮在学习时是否感到开心、精神饱满、专注于完成功课。苏菲的自我批评让她丧失了帮助女儿学习必备的精力。和心理治疗师谈过后，苏菲才意识到莉妮遭遇的困难中，包含了许多因素。

- **莉妮的父亲放任她不做功课。**
- **莉妮的祖父母忙于自己的生活，没时间关心孙女。**
- **莉妮的老师不太擅长教学。**
- **莉妮的父亲在学习阅读时也曾遭遇困难，所以问题可能来自遗传。**
- **苏菲下班回家就累了，没有太多的精力督促莉妮做功课。**

接着苏菲还为“影响力清单”上的每种因素分配了比例。

- **影响阅读障碍的基因倾向：30%**
- **老师教得不好：30%**
- **周末时父亲容许莉妮不做功课：10%**
- **祖父母的不支持：10%**
- **苏菲没有严加督促女儿的功课：20%**

除了列表，她还画了一幅圆饼图。

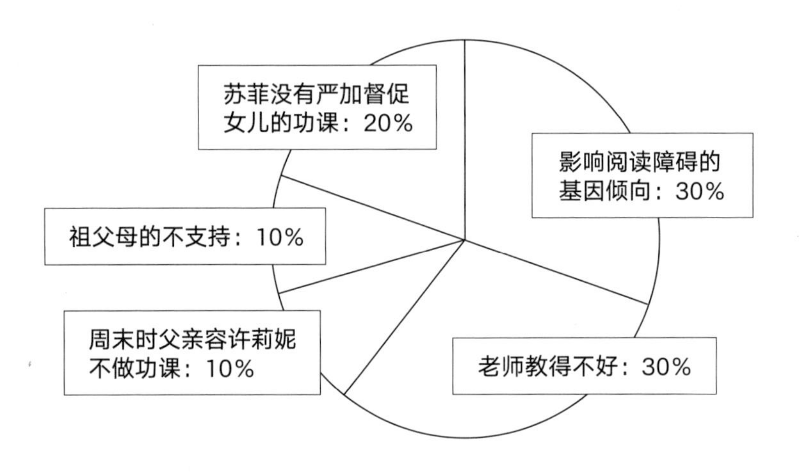

这下苏菲明白了，这并不是她一个人的问题。她也很庆幸其中还有 20%是她该负起的责任，如果占比是 0，就代表她对莉妮的学习问题一点影响力也没有，她肯定不希望自己的存在无关紧要，但是要她一肩扛起所有责任又是太沉重的负担。圆饼图练习可以帮助她降低自我批评的强度，并与别人一起分担责任。

在这之后，苏菲跟丈夫深谈了一次，让他知道在女儿的阅读问题中采取主动是很重要的；她也和自己的父母讨论，表示他们的支持非常重要，因为莉妮非常信任自己的祖父母；她还联络了学校的老师，想让莉妮加入学习社团，接受额外的辅导。

接下来，她开始处理自己的那20%的责任。她已经决定了，在工作特别累的日子，她会比平常晚一个小时去课后中心接莉妮。如此一来，她就可以先稍事休息，以便更好地督促莉妮做功课。

影响力清单和圆饼图练习对苏菲很有帮助，帮她减缓了内心的愧疚感。这让她松了很大一口气，也让其他人承担起自己的责任，一起帮助莉妮应对挑战。

练习：向外引导

如果你容易觉得疲累，却找不到理由，那么你的内疚感恐怕已经过量。而造成疲惫的原因，可能是你累积了过多的自我批评，或对自己要求太高。如果你因此而责怪自己，甚至觉得这都是自己的错，就会陷入恶性循环。

想知道内心是否压抑了对自己的太多批评，你可以试试向外引导。问问自己：“还有谁可能会是需要对问题负责的人？”并整理出影响力清单。例如：跟同事及女友相比，马汀没那么有活力。大多数时间，他都会感到精力不足，也会因为自己没做成更多事而不开心。马汀问自己，哪些人对他的疲累程度有所影响，并列出如下清单。

- **我的老板**
- **我的女友**
- **我的医生**
- **我的父母**
- **我的同事和朋友**

整理好影响力清单之后，你可以给他们分别写一封信。不必寄出这些信，你只是单纯为了自己而写。就把它当作一个游戏，不必担心万一他们读到信的话会怎么想。让每个人都分配到一些应负的责任。你可以对他们分别提出建议，为该如何改善这种状况出一份力。

以下是马汀写的信。

亲爱的老板：

难道你看不出来，每天下班后我有多累吗？难道你不觉得我的工作过量了吗？或是我完成的工作，其实没有让我受到足够的认可？你有想过你能做些什么，好帮助我变得更有活力吗？如果没有的话，我建议你开始想想吧！

马汀敬上

亲爱的卡米拉：

难道你没注意到，我看起来有多累吗？你觉得你可以做些什么，好帮助我变得更有活力吗？我需要更多的爱、温暖，这样我将会拥有更多的能量。但是，你或许不希望这样。你是否想过其他任何你能做的事情吗？比如说，别因为我没做到的事情生那么大的气。也许你会有一些其他的建议，我觉得你应该花一些时间想想看，你在我的疲惫当中扮演着怎样的角色。

爱你的马汀

亲爱的医生：

我已经跟你提过我的疲劳好几次了，但你只给我做了一些血液方面的检查，还说我身体什么问题都没有。我并不觉得这样就够了，你还需要做更多。我希望你可以帮我做个彻底的检查，查清楚我身上到底有什么毛病，并且找出治疗的方法。

马汀敬上

亲爱的爸妈：

多希望你们教过我如何过快乐的人生。

爱你们的马汀

亲爱的汉斯：

你有注意过，我们一起出去好几个小时之后，我看起来有多累吗？你怎么不问我“为什么你看起来这么累”或是“是否有事情困扰着你”？你总喜欢告诉我各种事情，你觉得这些我都喜欢听吗？其实我并不喜欢，至少不是一直都喜欢。汉斯，我还希望多聊聊我自己。

爱你的马汀

把愤怒向外引导，会让人觉得充满活力。即使在书写的时候，马汀也可以感觉到这些信正在减轻他的内疚感。这让他明白自己应该往哪个方向前进，也决定跟更多人谈谈他的疲惫。

如果你发现自己的天平偏向某一端，那么尽可能让天平保持平衡，是比较好的做法。如果你常压抑愤怒，让自己背负着内疚感，那么采取相反的做法是个好主意——把愤怒抒发出来。在心里写下不会寄出的信，借以探索“把内疚感向外引导”是怎样的感受。当你承担了别人应该负起的责任，你的负担就会很沉重，也无法让其他人负起自己的责任。

太沉重的内疚感也可能来自过高的“自我期待”，也可能是由于“界限感”的缺失。我们将在下一章中详细说明。

你可以这样练习

影响力清单

回想一些生活中让你感觉不满、良心不安的事。除了自己以外，还有谁对那些状况是有影响力的？

整理出一份清单。用百分比来分配每个人应该负责的比例，并画成圆饼图。

分别写一封信，告诉他们可以做些什么或不做什么。这些信并不需要寄给他们，只是为了让你试着清理自己的内疚感。

第四章

自我期待与人生守则

认为自己应该把每件事情都做得尽善尽美，
就可能会让自己背负过多的内疚感。

如果你对生活中的快乐和成功有很高的期待，一旦这些期待无法在生活中落实，你就容易怪罪自己或他人。稍微降低自己的期待，可以减轻你觉得自己不够好的感受。

如果你深信自己应该把每件事情都做得尽善尽美，就可能会背负过多的内疚感，而这份内疚感甚至会剥夺你所有的精力。

你会发现小小的降低也能带来大大的改变——你不再感到那么内疚，也会在生活中获得更多活力。

在生活中，你对于自己的表现的看法，当然跟外在环境和遇到的挑战有关。然而，成功或失败的感觉，更多地取决于你如何应对自己在生活中的状况。

尼可拉想为自己的学业申请公费资助，却一直遭到拒绝。如果觉得“受理我的申请的工作人员一定不喜欢我”，他就会感到沮丧；如果觉得“我应该要更用心地准备我的申请”，他就会对自己感到生气；如果觉得“或许他们认为我拥有的资源已经太多了”，他就会感觉踏实，并去寻找其他资助方式。

每个人对同一种情况的体验，可能有天壤之别。如何面对生活中的机会，取决于你如何看待世界和自己，以及你所遵循的原则。你未必能改变现状，但可以试着改变应对方式，降低对自己和生活抱持的期待与标准。打破过于僵化的规则、过高的期待，以及会让你产生内疚的伟大抱负，这将会带给你极大的放松与满足感。

内疚感往往源于过高的期待

我们都会按照特定的蓝图生活，它会告诉我们能期望什么、如何获得美好的生活。

对于这张引导自己前进的蓝图，你真的深思熟虑过吗？也许你只是继承了来自父母的蓝图。若是如此，用批判的眼光仔细检视这张蓝图，会是个好主意。你在自己脑中描绘的，是怎样的蓝图？你期望在生活中遇到的，是怎样的挑战和机会？

过高的期望，很容易导致内疚感。

如果你希望大部分时间都过得开心，当生活惨淡或沉闷时，你就会去寻找原因。你可能会发现自身之外的因素，并因此对伴侣、父母或工作伙伴生气——无论你想到的该对此负责的人或事物是什么。你也可能会把怒气撒向自己："我一定是有什么问题。"

想象一下，如果有人在生命之初就给了你以下的蓝图，请详细说明你可以期望的愿景。

- **努力是生活的一部分。即便你不想，但依然得努力。**
- **你会面临逆境和灾难，会有人让你失望并背叛你，而且你还会偶尔辜负自己的努力。**
- **糟糕的日子会持续很长一段时间。**
- **你终将失去一切。**
- **和别人在一起的时候，你偶尔会体验到快乐、爱和亲密的感觉。**
- **有一些具备特殊意义的时刻。**

●如果你保持警觉，利用逆境中固有的成长机会，你就会从克服挑战的过程中体验到快乐。如果可以直面痛苦，你将发现自己内在的生命力、无私爱人的能力，你的心智也会更加成熟。

改变自己的期待和蓝图

每个人都会经历艰难的日子，但有些人就是无法接受。他们会变得怒气冲冲，还会怪罪外在的世界：

“我值得更好的。”

“这根本就不公平。”

有些人则会把矛头指向自身：

“我应该好好安排我的生活，避免糟糕的日子。”

“我到底做错了什么？”

无论是把自己的愤怒向外发泄，或是向内压抑，都可能会让你深陷负面情绪里。艰难的日子未必一定是谁的错，重点在于，不要因为负面想法而让情况变得更糟。

悲伤的日子可以用来反思，想想有什么是你可以改变或做得更好的地方。只要记得，如果你在糟糕的日子里评价自己，容易导致自责。告诉自己以下一个或多个信息，可能会是比较有效的做法。

- **“我猜这就是我必须撑过去的一天。我要对自己好一点，期待更好的未来。”**
- **“痛苦是成长的机会，可以让我变得更成熟，也会创造出更多感到开心的内在空间。”**
- **“今天可能就是成长的特殊机会。”**
- **“我要利用这一天训练自己对那些表现不佳的人的同理心——也包括对我自己。”**
- **“黎明之前永远是最黑暗的。也许这一天就是全新，也更深刻的快乐的开始。”**

改变自己的期待和蓝图，为那些未必是你的错的糟糕日子挪出空间，从而缓解良心不安的感觉。

检视你的个人守则

除了社会准则和规范，每个人都有一套属于自己的基本原则，可能是从父母那里传承来的，也可能是自创的，而且大家都会严格遵守。然而，大多数人并未意识到自己遵守了哪些守则。好好检视这些守则，或许可以为你带来好处。

守则的初衷是好的。其用意在于调整行为举止，好让我们过得更加顺遂。守则也可以作为某种内心的指标，帮助我们发现生活中的美好事物。

将守则检视一番后，你可能会意识到自己所遵循的一项或多项守则，违背了初衷。像“我永远不能拒绝需要我的朋友”，可能会让你无法好好照顾自己；像“我永远都要表现得很完美”，可能会让你的生活变得更加困难，甚至消耗你的能量，长此以往，对任何人都没有好处。如果你发现自己所遵循的一项或多项守则，造成的伤害其实远多于好处，你就会更有动力去改变它们。

也许你传承了父母的守则，也可能你所遵循的是过去自创，但早已忘记的守则。如同拿汤匙吃东西，如果你之前从来没拿过汤匙，那么要用它吃饭就会很困难：应该舀多少量？如何避免把汤匙里的东西撒出来？又要如何把汤匙放进嘴巴里？等我们学会这些之后，行动前就不必经过大脑思考，一切都会变成自动模式，而我们也不会记得，为什么我们会用这种特定的方式使用汤匙。

或许你意识不到，你所遵循的守则是在儿时自创的，但如今它们早已不合时宜，甚至具有破坏性。

就像我之前说的，有些人很少会有内疚的感觉，有些人因为微不足道的错误就会感到内疚。如果你属于前者，那么你的守则可能太宽松了；如果你属于后者，那么你的守则可能太严格了。

以下是一些守则严格的例子。

- 我绝对不可以犯错。
- 我永远都得为别人付出。
- 我绝不能让别人不开心。
- 我必须确保周围的每个人都过得很好。
- 我不能用对自己有利的方式跟别人比较，也一定不能因此而开心。
- 我不能毫无理由地生别人的气。
- 我不能对别人有所期待。
- 我绝不能成为任何人的负担。
- 如果有人生我的气，我就有责任让对方开心起来。
- 如果有人来敲我家的门，我就一定要表现得友善且开心。
- 只要朋友需要我，我就必须永远陪在他们身边。

如何发现造成内疚的守则

我们做出的选择，往往是在试图遵循的价值观和守则之间，进行妥协过后的产物。诸如“为什么你不能单单按照你所想的去做”或“为什么你就是不能停止去做你不想做的事”之类的问题，不仅可以揭露你的价值观，也会揭露你的守则。比如说，“为什么我妈给我打电话就要接，即使那时候我并不想被打扰”或是“为什么我在工作上会答应做额外的事，即使我知道自己在下班后会感到筋疲力尽”。

以下可能是问题的答案。

- **你永远不能对你的父母说不。**
- **你永远都要帮助别人。**

你也可以通过自我觉察、自我批评，或是在感受到不适宜的情绪时特别留意，借此来揭露自己的守则。试着抓住和这种情绪有关的想法，回想一下当时的心理。

意识到自己做的决定产生了自己难以接受的后果时，我真的很生自己的气。我发现自己心里有一条守则，会禁止我做出不好的决定。当我把它写下来，并坐下来仔细思考之后，我就明白这条守则造成了多少令人沮丧的自我批评。

——伊娃，29 岁

每个人都可能会做出糟糕的决定。你无法预测未来，也无法预测自己的选择可能会产生的后果，往往要到许多年后才会知道。在你做出决定的那一刻，未知因素的数量可能多到吓人。这些决定未必总会有好的结果。有时你会在事后才发现，如果当时做了不同的选择，可能会有更好的结果。当伊娃意识到她对自己的要求不可能达到，她就摆脱了这条守则。她用笔写下：“每个人偶尔都会做出糟糕的决定。”并把这句话贴在冰箱上。这减轻了她自责的程度，也让她在做决定时不再那么焦虑了。

守则越严格，就越难遵循，成为自我批评的受害者风险也就越大。因此，仔细检视个人守则，将带来极大的好处。

你检视了自己的守则之后，可以在两张不同的纸上分别写下每条守则的优缺点。之后你就会看出来，其中某些守则的成效良好，而其他守则制造的问题则远比解决的还要多。

如何调整你的守则

有时只要重新制定恰当的规则，就可以减轻内疚感，或是减少自我批评。

以下举几个例子。

我发现自己遵循的其中一条规则，几乎每天都会导致自我批评。那就是："我必须让我的体重维持在80千克以下。"我的体重一直在84千克上下浮动，我不断在跟自己对抗，希望我的体重能够下降。

经过一番思考之后，我决定把限制提高到84千克。从现在起，我再也不会因为体重问题而自我批评了。

——艾瑞克，47岁

当我把"在工作上，我永远都会尽全力"这条守则改成"我通常会尽全力，但在我很累且情绪低落的日子，工作刚刚过关也是没关系的"，去上班的心情就变得开心多了。

——玛格丽特，27岁

我发现让自己压力最大的一条守则是："我必须永远陪在朋

友身边。”每当朋友打电话，我却不想接的时候，这就成了问题。我甚至没有注意到，在自己用友善的声音接电话前，我其实觉得很生气。我不喜欢生气，也很努力想忽略这样的感觉，我觉得朋友来电的时候，我应该要开心。每次接完电话，我总会觉得很累。

我决定制定一条新的规则：“朋友来电话的时候，我不一定非要接。没关系的，只要我在一天内回复就好了。”我把新的规则写下来，并贴在冰箱上，这样我就会经常想起它。

——安娜，19 岁

安娜不喜欢生气，最后选择把这种感觉压抑在心里，导致自我批评，并产生内疚感。这是让人最快丧失活力的方式。

当你想改变自己的守则时，付出额外的努力将非常有必要，不要只是放在脑袋里思考，而是要把它们写在纸上，反复阅读。如果你不想用写的方式，可以试着大声把它们说出来，并重复好几次。

当你在训练自己适应新守则的时候，记得先打破旧守则。只有这样，你才更容易适应新守则。你越是违背自己的守则，它们对你产生的威力就越小。

打破不受欢迎的守则

如果你觉得打破旧守则很困难，请好好检视相关的推定。你可以问问自己以下问题。

- **为什么我应该要这么做？**
- **如果我不这么做，会发生什么事？**
- **为什么我不能那么做？**

当安娜问自己，为什么她必须永远陪在朋友身边时，一开始她其实想不到答案。对她来说，这早就成了习惯。安娜下意识地想，如果自己没接朋友的电话，朋友会生气，但接下来，她想到朋友也不是每次都接她的电话。就算朋友不接电话，安娜也不会感到困扰，因为她知道朋友会回电。

做完这项练习之后，安娜就准备好在她的生活中修订这条守则了。

当你开始做出不同的举动，或是不再遵循你已经持续了很多年的习惯，你往往会产生不安或焦虑的感觉。

安娜第一次任由电话一直响的时候，她的心情很差，感觉自己是个糟糕的人。但等她练习过几次之后，这对她来说就稀松平常了。随着时间流逝，她不再会为此烦心，开始享受新的自由，不必再进行她不喜欢的对话。

遵循新的守则，一开始会需要大量的注意力。如果你感到有压力、害怕，或只是感到累，就很容易恢复旧习惯。比起采取不同于以往的做法，遵循几乎等同于反射动作的旧守则比较不费力。尽管如此，当你发现自己又在遵循旧守则的时候，也绝对不要失去信心。这完全是正常的。随着时间流逝，只要你持续遵循新守则，并利用每次机会提醒自己，这种情况就会越来越少。你可以在镜子上贴一份新守则的副本，或是贴在某个你会经常看到的地方；也可以把这件事告诉某个朋友，请他偶尔提醒你。

放宽自己的守则，让它更容易被遵循，就可以减少你的内疚感。

然而，改变自己往往伴随着恐惧。这部分将在下一章详细说明。

你可以这样练习

检视个人守则

回想你对生活的想法和期待。和别人谈谈这些想法和期待，好好思考它们是否合乎现实。

专注于你的个人守则。问问自己为什么会选择现在的做法，借以发现你的个人守则，尤其是当你决定做一些跟自己实际想要的并不相符的举动时。把你的个人守则写下来，针对每条守则做出评判。

哪一条守则会让你经常感到内疚？

如果放宽某条守则，会有好处吗？

第五章

恐惧是内疚的一部分

你可以训练自己忍受某种感觉的能力，

就像训练肌肉一样。

本章重点整理

内疚往往与恐惧相关，恐惧来自你自己或其他人的愤怒或意见。恐惧感可能促使你长时间迎合他人的期待，但其实没有人会满意。而无论你多么努力，总会有某个人希望你做得更多。此外，你还可能会因此筋疲力尽，给自己巨大的压力。

与其任由自己被恐惧控制，不如把恐惧当朋友，练习与内疚共处，不要立刻对它做出反应，或用任何方式极力让这种感觉消失。

恐惧是内疚的一部分。如果你怕被拒绝，或怕别人生气，就容易变成别人期待下的奴隶；如果你急切地想取悦别人，可能会激怒对方。尽一切所能想当个好人，最后可能会让他人觉得不如你、觉得自己很差，甚至让他们产生负面态度。此外，喜欢批评别人的人也会这么做，而且他们永远都能找到可以怪罪的对象。

练习与内疚共处

你可以和自己的内疚合作，就像在认知疗法中与焦虑合作一样：让自己毫无保留地去接触你害怕的东西。如果你害怕坐电梯，就应该去坐电梯，直到搭乘的次数多到足以让你觉得坐电梯很安全。

如果你害怕某种特定的情绪，就会尽力避开容易出现这种情绪的情境。如果你讨厌内疚感，就容易为他人做得更多，甚至做超出能力所及的事。而你身边的人也可能因此提高他们对你的期待，导致你留给自己的时间越来越少。

当你采取相反的做法，当你因减少了对别人的帮助而感到内疚时，正是练习和内疚感共处的好机会。请对这种感觉抱持好奇和质疑，并提醒自己，这并不危险。你可以训练自己忍受某种感觉的能力，就像训练肌肉一样。你投入的努力越多，就会越擅长应对这种感觉，到最后，身边的人就会降低对你的期待。

我知道应该要好好照顾自己，但一直深受压力困扰。当姐姐打电话来说需要有人照顾她的孩子时，我就是没办法拒绝。如果我拒绝的话，就会内疚到不行。

——海勒，42 岁

海勒忽略了一件事——她心里的内疚感，其实是会消退的。只要她能训练自己习惯内疚的存在，而不是立即做出反应。当她再三拒绝照顾姐姐的孩子，并选择出门走走、放松心情，她就会开始习惯自己的内疚感。即使这样的感觉出现了，她还是会享受自己的自由时光。

内疚会在许多不同的情境中出现。通常，我们选择不去迎合某人的期待或价值观时，它就会出现。

对我父亲来说，一个人接受良好教育，一直都很重要。但教科书从来就引不起我的兴趣，我也从来不想找一份单纯坐在计算机屏幕前的工作。家族聚餐的时候，我的堂兄弟们总会得到赞美，因为他们读了很多的书，接受了良好的教育。这时我总会偷偷瞄我父亲一眼，如果他露出悲伤的表情，我就会觉得内疚。

——卡士伯，32 岁

卡士伯没有迎合父亲的期待，选择走自己的路。当他看到父亲因为不能像家族中其他人一样称赞孩子获得学位而感到悲伤时，他觉得很内疚。事实上，他正打算去拿一个短期学习的学位，如此一来，当父亲的朋友问起他这个儿子的时候，就有东西可以说。

他的内疚在某些方面是理性的。确实，卡士伯就是父亲偶尔会感到悲伤的理由，但这个责任不应该由他来承担。让父亲有某些可以向家人和朋友炫耀的成就，并不是卡士伯的义务。对他父亲而言，用某种让自己感到骄傲的方式生活，其实是他父亲自己的责任。是否要诚实地面对自己（这是很重要的），全取决于卡士伯，即便他因为父亲而感到内疚。心理治疗师本特·福尔克把这种形式的内疚称为人生中的“附加税额”——一种因为诚实面对自己而偶尔需要付出的代价。

学习接纳你的情绪

有些孩子在成长的过程中，父母会协助他们学习忍受愤怒或对别人的失望。这样的父母认为孩子有产生情绪的权利，这样教育出来的孩子比较坚强且宽容。

然而，有些父母本身就有着情绪方面的问题，他们响应孩子情绪的方式，会让孩子觉得自己是有缺陷或不被爱的。如果你属于后者，或许会无法全心接受自己和自己的情绪。或许你偶尔会觉得自己的情绪在内心引起骚动，让自己难以度过某些关卡，即使你知道这是最好的做法。比如说，如果你不想让孩子不开心，就可能无法为他们设定必要的界限，最终孩子会表现得像是没人在乎他们。如果你不能忍受伴侣悲伤或生气，你就可能会被困住，一再表现出取悦别人的行为，也因此剥夺了你和伴侣之间的亲密感与良好的联结。

当你试图避免感到内疚时，可能会很想和别人保持距离，以为只要在遗世独立的孤岛上，你就不会感到内疚。比如，处在较为疏远的关系中，避免内疚相对来说比较容易。但在亲密、有意义的关系中，除了让对方感到开心，你偶尔也可能会让他们不开心，这是无法避免的。你对某个人来说越重要，一旦你的行为不符合他们的期待时，他们失望的感觉就会越深，你也会因此觉得更内疚。尤其是当内疚感牵涉到某个对你意义重大的人时，这个问题就会变得特别严重。幸运的是，除了孤立自己，还有其他解决方式。

训练自己忍受令人不快的情绪，你就会在关系中感到更加自在，也能给自己时间思考，决定如何应对自己的情绪。有时候，你或许会选择道歉，并提议向对方做出补偿。其他时候，你可能会对自己说："我要把内疚感当作附加税额，这是我必须为某件事付出的代价，比如把整个周末的时间都留给自己。"这样一来，尽管你感到内疚，你还是会觉得这个周末很值得。你或许还会觉得自己很棒，有勇气做出当下会被某个人讨厌，但长远来看是好事的选择——拥有一个自由的周末，能让你恢复元气，迎接新的一周。

找回被讨厌的勇气

有时候，当下做出能取悦每个人的选择，事后却可能产生不幸的结果。从长远来看，做出某个会被讨厌的选择，却可能是对牵涉在内的所有人最好的决定。比如说，当你忽略自己的需要以迎合他人的需求时，别人也许会很喜欢你，但这么做的风险很大，因为之后你可能会想切断那段关系。如果你有一半的时间把自己的需求放在优先位置，就较可能让这段关系更为平衡，从长远来看更是如此。

再举例，如果孩子在超市一直吵着要买糖果，你就买给他，不只是孩子，连店员都会很喜欢你。但从长远来看，你当时如果能拒绝，或许会对自己感到更满意。在你因为自己的孩子尖叫而感到内疚时，虽然这样会惹怒收银员和排队付钱的其他人，但也要记得留意自己成长了多少、成熟了多少，因为你愿意挺身支持自己的决定，即使你会因此被孤立。或许你会发现，问题不在于你感觉到的内疚，而是你为了避免这种感觉所做的一切。

你可以这样练习

质疑你的恐惧

当你因为自己或他人的愤怒或意见而感到恐惧时，专注在恐惧的感觉上。对这种恐惧感到好奇和质疑，思考在哪种情况下，它会变得更严重，又是在哪种情况下，它只是微不足道的忧虑？

试着遵照自己的价值观，即使你身边的人并不喜欢你这么做。一开始可以先往前迈一小步，比如表达自己的意见，即使你知道这样可能会被讨厌。如果有人用负面的方式响应，可以让自己深呼吸，感受你当下的感觉，试着去忍受那种不安，不要立刻想通过借口或解释粉饰太平。

第六章

受害者情结与退行现象

当扮演受害者时，
我们或多或少会与成年的自己和
已经具备的能力失去联结。

把责任都推到别人身上的问题在于，我们根本没做什么以补救当下的情况，但我们往往是唯一能做些什么的人。

最极端的逃避责任的方式，是把自己当成受害者。我们可能一直如此，从我们年纪还很小、必须依赖大人的时候就开始了。等我们成了大人，如果还这样看待自己的话，那么最可能让我们变成受害者的，其实是我们负面的行为模式和不负责任的表现——因为我们选择什么也不做。

扮演受害者的角色时，会产生一种很特别的怒气，无能为力、行为退化，就像是一个饿极了的婴儿。这时你需要回到成年后的自己，书中的练习可以帮到你。

如果你经常觉得良心不安，就会吸引想逃避责任的人，他们会很开心地把责任丢给你。因此，学会察觉别人的不负责任是很重要的，这样才能避免自己在一段关系中，总是因为对方过于被动或缺乏动力而担下责任。

这并不是说，有些人通常会过度负责，而其他人总会承担过少的责任。一个人往往会在某些领域承担大量责任，但在其他领域或是生命中的某段时期，就是无法承担。

缺乏责任感可能是来自缺乏信心。比如，当我父亲不愿意陪伴我时，我想是因为他觉得我母亲比较擅长做这件事，而他也不确定自己可以贡献什么。然而，一说起我们家庭的经济状况时，他就会变得非常负责。

就像一般人会在不同领域展现出不同程度的责任感，不同的人在负责的程度上也可能会有多寡的区分。

下文叙述的，是一种极端缺乏责任感的表现。当我们仅仅把自己视为受害者时，这种感觉就会出现。

受害者情结：最极端的逃避责任

有时候，我们会把自己视为其他人不友善行为的受害者。这是一种看待世界的方式，站在这样的立场上，我们会感觉自己很无辜、遭到别人的恶意对待，我们甚至还会把自己的愤怒指向某些人。这就是对责任最极端的否定。

把自己视为受害者，会映照出我们真实的情况。我们会突然面临自己无能为力的困境，可能是生病、死亡等。也可能是在工作上遭到骚扰，或是被别人施以身体或精神上的暴力。

一个人会因为暴力或骚扰而遭到被伤害，一定有原因。这可能是受害者具备会引起骚扰的特征，比如才华或高道德标准。

当然也存在着真正的受害者。但当我们觉得自己是无辜的受害者、所有麻烦都是因为外在世界而起时，多数时候都是因为我们没有意识到自己扮演的角色。

以下案例与真正的受害者并不相关，而是在描述当我们或某个跟我们亲近的人陷入受害者角色时，可能会发生的情况。

玛利亚觉得自己遭受了来自已成年的孩子的恶意对待——他们每年只探望她几次。她为此感到生气，觉得他们非常自私。每当有客人来看玛利亚，她总会伤心地抱怨她那些不懂感恩的孩子。

玛利亚把自己视为无辜的受害者，却没有意识到她其实可以改变这些情况。比如，她可以这么做。

- **试着想想更能吸引孩子来看她的方法。**
- **找到其他可以陪伴她的人。**
- **找到可以打发时间的爱好。**
- **向专业人士求助。**

玛利亚认为，如果她想过得更好，孩子们就必须改变他们的做法。这种想法完全是逃避责任。

孩子也可能成为他们所依靠的大人的受害者。他们拥有的机会并不像大人那么多，多到可以做出改变情况的决定。一旦你成为大人，如果你还觉得自己很无助，就太不切实际了。拒绝任何个人应该负起的责任，还把责任丢给别人，将会制造出极大的问题——不只是对他们自己，也会对其他人造成影响。这并不是说他们是坏人，而是因为他们被困在某种有害的行为模式里，没有放下自己的过去。

这种扮演受害者的策略，很可能源于童年的创伤。另外，会扮演受害者角色的，不一定是特定的某些人。如果承受的压力达到一定程度，多数人都可能会做出这样的行为。

觉得全世界都是坏人

有些人会有意识地把自己形容成受害者，企图操控他人或是贬低他人。但是，扮演受害者角色的人，通常会被困在自己的行为模式里，每当他无力应付挑战，且对自己感到厌倦，或是当他的焦虑超出负荷的时候，就会退缩到内心的角落。

把自己当成受害者，可能是对现实情况的抵抗。如果有亲人突然死亡，有些人可能会将责任归咎于某些对象。这些对象可能是采取急救措施的医生或医院职员。未亡人会把自己或死去的亲人当成受害者，认为是对方做错了事，并愤怒地抨击对方。如果当事人在情绪上控制力相对较强，随着震惊的感觉逐渐淡化，这样的情况就会过去，悲伤的感觉便会开启，接着出现可以接纳情绪的空间。

要了解受害者情节，可以试着回忆你在自己人生中经历过的情况。或许你也曾把自己视为受害者，觉得全世界都是坏人——就算只是暂时的。比如说，当你收到意外的账单、遭到拒绝、对某人的愤怒感到震惊，或是被交办一份自己无法处理的工作。

以下是我的亲身经历。

我在丹麦的多士兰担任牧师时，曾把自己视为受害者。当时我觉得自己遭到教堂理事会的刁难。我感觉我的女性朋友们已经厌倦了听我一直抱怨和寻求帮助的乞求，她们显然不知道该怎么办。我感到很害怕，不敢做出必要的决定。我甚至不敢承认自己还有其他选择。

直到几年后再回想当时的情况，我才明白自己也不是好说话的人，也明白教会存在着结构性的问题。所以其实不是任何人的错，不应该单单怪罪某个人。

当你陷入受害者困境时，可能会用非黑即白的眼光看世界。有时候，脱离当下的困境，需要你对它有更细微的了解。

未被安抚的童年情绪

其实，大多数陷入受害者角色的成年人，童年时很可能确实是受害者。愤怒并不会凭空生出，过去一定出现过与之相关的某个情况。

英格说母亲总威胁家人说要自杀。因此，当她还是个十岁的孩子时，放学回家若找不到母亲，她就会感到恐慌。显然当时的英格与自己的情绪是抽离的。她坚持认为自己拥有很完美的父母，童年也过得很好。

长大之后，她不断沦为受害者。比如说，她很确信有名工人欺骗了她。她试图让周围的人都讨厌那名工人，如果有权限能在专业上毁掉他，她真的会那么做。她就是如此愤怒。

还是孩子的时候，英格无法接纳自己的焦虑和愤怒，但那其实是面对她所处的情况最自然的反应。那时没有成年人能帮助英格处理她的情绪，带领她看见并感受真实的状况。

英格现在已经是成年人了，在心理治疗师的帮助下，她本来可以处理过去的情绪，并与现在的情绪产生更好的联结。然而，也许她缺乏必要的勇气或情绪上的力量，因此未能做到。现在她会把自己从小就压抑的愤怒发泄在他人身上，完全没意识到自己正把别人卷入一场与此刻几乎没有关系的纠纷中。对她来说，这种感觉是很真实的，别人都是坏人，随时虎视眈眈地跑出来要害她。

回想你人生中觉得自己是受害者的某个时期。好好想想你是否真的是受害者，还是你其实有其他的处理情绪的方式，只是自己忽略了。

天生一对：过度负责与责任感不足

我们确实有一种健康的退行，是从某个人那里得到安慰。这种退行只会持续很短的时间，也是一种必要的释放。如果退行的状态一直持续下去，就会给经历退行的当事人和身边亲近的人带来困扰。

附和某个人对其他人的抱怨，其实没有帮助。摆脱退行状态、恢复成已经成年的自己，这样才能开始负起责任、解决问题。

要是这个人没有动力放下自己的退行状态，身为朋友或家人的你，重要的是要注意自己的状况。

研究表明，在扮演受害者时，我们或多或少会与成年的自己和已经具备的能力失去联结。在心理治疗的范畴中，我们把这种现象称为“退行”。退行是指回到发展的早期阶段。比如说，一个已会使用便盆的孩子，可能会在压力下尿床，造成压力的原因可能是妹妹或弟弟即将出生，或是刚开始上幼儿园。另外，一位善于沟通和谈判的成年女性，也可能会像小女孩一样哭泣，原因可能是她被自己的愤怒强度吓到，或是她应付不了自己面临的挑战。

如果你经常过度负责，还很容易感到良心不安，对于某个出现退行迹象的人来说，你就是扮演纵容他们的角色的最佳人选。过度负责的人和责任感不足的人，像是天生一对。因此，你应该要警惕，避免因为自己的接手而让某个人进入退行状态。

要了解退行机制，在你阅读以下段落时，试着回想自己曾产生退行现象的情况。这种情况可能不常发生，但你可能经历过的某些事情，能带领你更深刻地了解退行机制。

当退行变成问题

所有人都需要偶尔放手，比如，当你遇到自己无法立即处理的问题时，这么做可以让你松一口气：稍微放手一会儿、不必马上去处理，兴许还有人愿意倾听，或许还会支持你。这是一种关心的方式，可以让你再度充满活力，给你继续迎接挑战的勇气。

只要能够快速切换，就能适时表现、做出必要的决定。只有当你无法快速脱离退行状态的时候，退行才会产生不良的后果。

有一天晚上，我已经压力爆表了，因为关门时太用力，不小心夹到了手指。我不确定该不该去挂急诊，于是打电话给男朋友。他没接电话，也没有回电。我感到越来越烦闷和生气，因为他一直没有打来电话。我在房间里来回踱步，盯着我的手表看。我觉得自己被抛弃了。我又打了一次电话，边打边哭，最后留下一则以“你到底在干吗”做结尾的信息。接着我就一直哭、一直哭、一直哭。

三个小时后，他终于回电了。其实他在家，只是忘了自己的手机设定成静音。他答应会尽快赶过来。

跟他通过电话之后，我才冷静下来。我对自己的反应感到尴尬，我不懂为什么自己没想过要打给别人、上网去查治疗方法，或是把手指的情况拍下来发给我那当护士的姐姐。有很多事是我早就可以做的，我却像是掉进了一个洞里，看不见外面的情况。我甚至感觉如果没男朋友在，我就什么都做不成。

——玛伦，27 岁

扮演受害者的角色时，会产生一种很特殊的怒气，无能为力、行为退化，就像是一个饿极了的婴儿。当事人会感觉像是个无助、无辜的受害者，认为自己遇到的麻烦都是因为别人而起。

练习：回到成年后的自己

正如我前面所说的，受害者进入了退行状态。当你感觉自己是受害者时，可能会一时将成年人拥有的能力和选择抛到了脑后。

最有可能的情况是，焦虑让你感觉自己像个小孩子。这时你需要回到成年后的自己。以下练习可以帮助你。

回想你曾面对极大挑战的情境。把它们列成清单，并回答以下问题。

- **我是如何应对那个挑战的？**
- **我运用了怎样的能力？**

我是在某天晚上想到这个练习的。当时我意识到，我是唯一可以在第二天早上去检查老鼠夹的那个人。我把身体蜷缩成一团，坐在沙发上，压力如芒在背，想起我听到过的关于老鼠被老鼠夹抓到之后的故事——它们还没死，只是残废了，还可以爬行。我心想，明天早上我实在无法就这样从后廊走出去，我办不到，实在办不到。

幸运的是，我知道有种避免退行的方法，即回想曾经应对过的挑战。我想起有一次，我在海上漂流得太远。尽管我的身体开始疼痛，我还是用了最大的力气，逆着海流游回了岸边。接着我又想起另一次，我撞到另一辆车，乘客跳下车生气地瞪着我。我讨厌下车，但我还是这么做了。最后，我想起我其中一个孩子出生时感染并发症的情景。想到这些后，我提醒自己，其实我一直都是个很坚强的人，也很擅长整理自己的情绪、完成需要完成的任务，即使当下的情况非常糟糕。

我又想起自己正面临的问题。我在沙发上坐直身子，确信自己绝对可以应付第二天早上的挑战。我当然可以。

当我把死老鼠从老鼠夹里拿出来时，我内心的骄傲和快乐难以形容。通常，当我们打破自己的退行状态、针对问题采取行动时，前面就会有奖赏等着我们。

脱离退行状态

如果困在受害者状态里的，是你的朋友或家人，你就应该帮助他脱离退行状态。可以询问他过去曾经应对过的挑战，或提醒他你所知道他过去的那些经历。例如："你还记得你被解雇的时候，你差点把房子卖了吗？那段时间对你来说一定很不容易。你是怎么办到的？你一定是个很坚强的人，你不这么觉得吗？"

你的帮助并不是要听他抱怨其他人，尤其是当你已证实了他确实有生气的理由时。他会很乐意听到你说"这实在难以置信""他真该为自己感到羞耻"之类的话。这么做肯定会让他高兴，还能缓解抱怨时沉闷的气氛——虽然只是短暂的。但从长远的角度来看，这对你们两人都是不利的，你不过是在帮他强化受害者的情绪。比较有效的做法是，跟对方谈谈他有哪些能让当下的状况变好的选择。

如果对方愿意接受，你也可以跟他谈谈过去他确实是受害者的情况，例如童年创伤。在他处理自己儿时的伤口，并为接纳那时候就开始累积的情绪挪出空间后，他就不再把自己当成受害者了。

或许你无法肯定他有动力摆脱困境，因为他把自己视为无辜的受害者可能有很多好处，又或者他只是太害怕了。

若是如此，那么你的工作就是照顾好自己。

你可以这样练习

挑战清单

回想某个你曾进入退行状态的情境。仔细想想：你是不是和成年的自己以及采取行动的可能性失去了联结？还是，那只是短暂而健康的退行期？

整理一份清单，列出你曾克服的所有挑战。把这份清单放在显眼的地方。下次当你又遇到看起来不可能解决的问题时，这份清单可能会有帮助。

第七章

当亲近的人陷入受害者角色

看出对方实际上是在生气而非悲伤，
你就较容易允许自己也展现愤怒的情绪，
并为此设立界限。

本章重点整理

如果你和某个会把自己当成受害者的人很亲近，一定要当心自己的状况。当事人大概不会意识到，他向你诉苦、希望你理解他的意愿多强烈。也许你会觉得内疚，也许你未必能感觉到他的情绪，又或者你根本就帮不上忙。但清楚自己的界限是很重要的，因为你才是可以决定自己要听进多少、决定自己是否要帮助他的人。

回顾前一章英格的案例，在许多情境中，她表现得就像个受害者，而加害者包括工人、医生等人，或她觉得对自己不好的人。

英格的女儿乔瑟芬，无可避免地被卷入母亲的冲突中。英格的愤怒具有惊人的力量，那是从小累积的，当时她就已经觉得自己的人生陷入了危机之中。每当发生冲突时，她的情绪就会充满整个房间。

在孩童和青少年时期，乔瑟芬尽了一切努力，想在这场对抗“坏人”的战役中帮助并支持自己的母亲。她怕极了母亲会把她带入“坏人”的角色里。乔瑟芬经历过几次类似的情况，比如在舞蹈表演会上，她穿着一件英格缝制的美丽的裙子，却不小心尿湿在裙子上。当时英格很生气，觉得乔瑟芬毁了那一天，也带走了所有缝制那件裙子并把它拿出来炫耀的快乐。乔瑟芬觉得非常丢脸，想让自己从这个世界上消失。

英格觉得只有自己是好人，却一次又一次地成了别人所做的坏事的受害者。而乔瑟芬在年纪尚小时毫不怀疑地接受了母亲的自我形象，但这对她造成了严重的困扰。对一个美好、无辜的人，你只能有正面观感。乔瑟芬试图否定自己的感受，内心深处却感到不真实，而且觉得一切都是错的。

无处容身的愤怒和郁闷

英格坚持的是只有孩童才可能有的期待：周围的每个人都要把自己的情绪和需要放在一边。也许你也曾经陪伴一个身陷困境的孩子，那时你会完全忘记自己，把注意力都放在那个孩子身上。当你看到某个成年人遇到麻烦的时候，也会有同样的举动。问题在于，这样的情况一再发生，而你注意不到其中包含的机制，每当你看到有需要的人，甚至某个人只是看起来有点累的时候，你就会条件反射性地行动。

陷入这类情况的成人，如英格，也许没有意识到自己会向周围的人诉苦，试图让他人把她的需要摆在首位。她的恳求是很难看穿的。她发出的信号位于孩子的层级，往往是非语言的。这些信号可能是尖锐的语气或绝望的表情。或许你会像面对孩子一样，也会极力想帮忙，但同时你可能会有点抗拒，因为感到不太对劲。

一开始，你并不明白问题所在：她明明是个大人，却想尽办法从你身上获得只有对孩子付出才会觉得自然的某种东西。这种情况若一直持续，可就真有问题了。

跟具有受害者情结的人在一起时，你不会有太多展露情绪的机会。这样的人只想让别人用正向的方式对待自己。这样一来，你可能会出现的愤怒和郁闷就没了容身之处。如果你未看穿这样的行为，就很容易把愤怒转到自己身上，因此觉得内疚，觉得一切都是自己的错。

清楚自己的界限

面对一个被自己的愤怒绑架、只能用非黑即白的方式思考的人，听他说话可能会觉得压力极大。自以为正当的愤怒可能会非常强烈，如果你和这样的人很亲近，就会感到生气。英格的女儿这样说：

我母亲在生某个人的气，或是有人对她不好的时候，光是跟她打电话都会让我抓狂。有一天，我正坐在电脑前工作，那时我刚跟她打完电话，有位同事突然冲进办公室问我事情。我听见自己在回答她时语气不太好，她看起来很害怕，事实上连我自己都吓到了。那并不是我平常跟同事说话的方式，感觉就像是母亲的愤怒悄悄潜入了我的心理系统一样。

——乔瑟芬，44 岁

一段时间后，乔瑟芬再也不想接母亲打来的电话。她设法告诉英格，听她诉说愤怒的压力有多大。乔瑟芬还说，她很乐意和母亲打电话，只要她们可以达成共识——从现在起，母亲不再把所有的遭遇都讲给她，她们可以聊其他的话题。一开始，英格很生气，觉得自己被背叛了，但她最终领悟到，若她希望维持母女之间的关系，就必须照女儿的话去做。

看穿虚假的悲伤

一个有受害者情结的人，其愤怒可能会强大到无法对让他生气的对象有任何同理心。这样的人实在不太可能想着从另一个人的角度看问题，也往往无法意识到自己被愤怒绑架了，还会觉得自己只是心情很差，而所有的侵略行为都是由对方引起的。

如果具有受害者情结的是你的家人或是所爱的人，那么看穿他们虚假的悲伤，是很困难的。

小时候，我总觉得母亲很悲伤。她也是这样跟我说的。如果她对我做的某件事感到生气，总会让我感到很内疚，让她觉得悲伤实在是太糟了。一直到 30 岁后，我才开始明白，她所谓的“悲伤”其实是愤怒。那时候我才开始振作起来，找回真实的自我。

——乔瑟芬，44 岁

如果你能够看出对方是在生气而非悲伤，你就更容易允许自己也展现愤怒的情绪，并为此设立界限。

你可以这样练习

警惕受害者陷阱

想想看，当你听到有人在抱怨其他人，而这个人通常只会把自己视为受害者，你会有怎样的反应？你会和他一起掉入受害者的陷阱，还是会跟他谈谈，看看有什么方法能够改变他的处境？

第八章

觉察自己的阴暗面

想摆脱受害者心态，

就要先觉察自己的阴暗面。

本章重点整理

为自己挺身而出，接受所有复杂的情绪、渴望和想法，是我们终生要做的事。我们越是擅长这件事，就越不会把自己的情绪或特质投射在别人身上；我们既能承担起自己应负的责任，又不会让自己因为无法负荷沉重的内疚感而彻底否认自己的责任。

月亮有它阴暗的一面，这是我们看不到的；我们也会有阴暗面，尽管有时自己未必能意识到。当不好的特质被隐藏起来时，反而会造成更大的伤害。对我们来说，把这些特质摊在阳光下、与自己和解，是很重要的。

我们已经在上一章了解到，当亲近的人陷入受害者角色时，有哪些保护自己的方法。这一章会说明，通过掌控自己身上的特质（包括那些你并不在乎的特质），你可以让自己更完整。你变得越完整，就越能保护自己对抗不受管控的内疚——它们往往会在家庭或团队内四处游荡，等待着“上岸”的机会。

生别人的气的时候，你可以利用这种感觉揭露你对自己还不了解的部分。等下次有人做出冒犯你的举动时，记得大声对自己说：“我也可能会犯同样的错。”

每次听到有人对彼此口出恶言的时候，我就会很抓狂。当我告诉自己“如果有一天我觉得压力爆表，我也可能会犯同样的错”的时候，我不只感觉这句话是正确的，还发现自己也曾对好几个我认识的人口出恶言。这个练习帮助我用更正向的眼光去看待身边的人。我也决定要放宽标准，容许自己偶尔表现得不那么理想。

——波尔，32 岁

如果你觉得自己是“对”的，失败或犯错只是别人的事，那么你就是在让其他人承担你的某些阴暗面。你越能整合自己身上不那么讨喜的特质，就越能为他人挪出空间，你也会因此变得更完整。想要摆脱受害者陷阱，就要先觉察自己的阴暗面。

成长和成熟，来自了解我们和他人之间有多少共通点，包括那些我们不喜欢的人。我们越能成长、摒弃自己想评断他人的冲动，就越不会那么严苛地评断自己。你想对自己诚实，就需要自己来帮自己一把。

如果你在无意中只想着找出自己身上的正向特质（比如友善和温柔），却压抑自己反抗且迟钝的那一面，就很难做出某个会被讨厌的选择。当你偶尔找出自己身上的自大或无助，就较能为自己开拓出一席之地，以你真正想要的方式活着。

为你的选择负责

当你承认自己有着生气或嫉妒之类的负面情绪，从而更好地掌控它们，也让它们不再对你产生那么大的影响；当你在别人身上察觉到这些情绪时，你也可以不再对它们感到害怕。

为自己挺身而出、让自己变得完整，不只是接受光明的一面，也要接受阴暗的一面——这么做是为了让你做出示范，让他人也有勇气做出同样的举动。诚实面对自己的不足之处是具有感染力的，你将会在周围散播开放和接纳的气氛。相反，要是出了错或发生了意外，却没有人为此负责，家庭或团体的气氛往往会变得紧张。这时若有人挺身而出，说：“都是我的错。”气氛就会立刻和缓。

通过承认错误并负起责任，可以避免其他人把责任都揽在自己身上。下面的例子，说明了诚实面对离婚的选择和责任，可以让孩子感到释然，不必面对他们无法承受的内疚。

梅特决定离婚了。她告诉朋友、丈夫以及孩子：“再不离婚，我就要得抑郁症了。”这是个很好的理由，也让她免除了沉重的内疚感。然而，她的孩子很沮丧、苦恼，也不肯谈论内心的感受。遵照心理治疗师的建议，梅特选择对自己的决定表现出清楚且直接的态度。

她告诉孩子:“我知道你们很不开心,因为我拆散了我们的家。如果你们觉得生气，认为我做的决定很自私，我完全可以理解。”

沉默好一会儿后，她补充道：“真希望我能拥有我想要的人生，却不需要让你们付出代价。希望有一天你们可以原谅我。”

梅特花了很长一段时间整理自己，才有勇气告诉他们这些话。结果说明这样做很值得。孩子们更容易谈论这件事，她和他们之间的关系也改善了。她很开心自己能够帮助他们卸下心里的重担。

当梅特表示自己必须离婚，否则会极度抑郁的时候，她已经减轻了自己的内疚感。但是，孩子们因为自己的悲伤和愤怒而感到内疚。如果知道梅特事实上除了离婚，别无选择，他们不能让自己出现负面的反应；如果知道梅特只是个无助的受害者，他们也不能让她觉得有负担。

选择要怎么做的时候，我们都有自己的理由。当我们选择承担责任，不让其他人沉溺在自我辩解的旋涡中，不以某些方式把其他人置于艰难的处境中，我们对他们造成的伤害就能降到最小。

承认你也有责任

如果你选择承担责任，或许能减轻他人的羞愧和内疚的感觉，同时还能让他们更开心。然而，尽管你可能已经尽力避免，有时却不得不承认，因为缺乏预见，你还是做了伤害别人的举动。

孩子还小的时候，我经常生丈夫的气，因为我觉得他没有分担家务。那时他刚开始担任教师，那是他的第一份工作。也许我有点嫉妒他，因为他可以离开家、和其他成年人相处。我觉得他根本没有理由抱怨新工作很困难。我曾经见过姐夫下班回家后，就穿上围裙开始做家务。我觉得丈夫的表现对我很不公平，因此我会对他大吼大叫、经常羞辱他，最后我们离婚了。

十年后，我获得了我的第一份教师工作，才发现教书有多么难。而且我也越来越了解人与人之间有多不同，并不是每个人都拥有同样的精力。我过去的行为真的让我觉得很尴尬。

——梅根，52 岁

如同上例中梅根的行为，我们必须承认，错怪别人是一件很容易的事情，一开始我们往往拒绝承担后果，以致最后必须为此做出弥补。

因此，梅根选择这么做。

12 年后，我联系了前夫，提议见个面，喝杯咖啡，谈谈过去的日子。我们碰面时，我告诉他我很抱歉，过去对他大吼大叫，还错怪了他，现在我才明白，当时他已经尽力了。他回答说，他可以理解当时我必须整天在家带孩子，对我来说有多辛苦。关于当年的那些事，我们聊得很开心，甚至能够对我们的错误一笑置之。

如此相互释然的聚会，对双方而言都有极大的意义。对于梅根来说，她要是什么都没做，那些令人不快的评价或许还是会让她不得安宁，也可能是造成她低自尊的因素。承认自己也有错，对彼此来说都是一份意义重大的礼物。

你可以这样练习

承认自己的错误

回想某个你评判别人的情境，想想自己身上是否也有你所谴责的特质。也许那也是你需要驾驭的特质，把它们找出来，才能解决你自己的问题。

回想某个你肯定也有错的情境，并大声对自己说："都是我的错。"你甚至可以写信给被错怪的那个人，并且承担责任。仔细回想自己身边是否有人需要听到你说，某件事是你的错。如果有，请踏出那一步，这将是一份礼物——对方会很开心，感觉如释重负。

第九章

避免过度补偿

如果你在一段关系中牺牲自己，
想弥补你所犯的过错，
这就不算是真正好的关系。

本章重点整理

有些人会想通过弥补自己做错的事，来消除良心不安的感觉。他们也许终其一生都会惩罚自己，但这并不是好对策。

如果你在一段关系中牺牲自己，以此弥补你犯的错，这就不算是真正好的关系。而你也很有可能会剥夺其他人应该负起的责任，因为对方才是唯一能把痛苦转变为成长、为了让自己往前走采取必要举动的人。

当然，为某件事做出补偿，也可能是好的解决方法，只要你不强迫自己长时间自我压抑——这么做对谁都没有好处。

重点在于原谅你自己。

对某些人来说，内疚实在很难应付，因此他们会千方百计地想通过补偿策略来逃避它。可能有些人觉得自己没有太大的吸引力，因此想要通过表现得特别友善或乐于助人来补偿。或者有些人对自己做的某件事感到后悔，想努力弥补。如果当事人的补偿行为变成一种固定模式时，就会产生一系列问题。

下面举三个例子，来说明过度补偿的影响。

实例 1——对缺失的亲密感感到内疚

我的女儿露易丝，今年已经 25 岁了，却还没找到可以结婚的对象。我很担心，会不会是因为在她小时候，我没有表现得特别关心或是爱她，才让她有这样的情感缺陷。表达亲密感从来就不是我的强项。我总是精力充沛、效率极佳，每当有许多事情需要做时，我总会尽全力。现在只要露易丝需要我帮忙，我就会立刻放下手中的一切工作。

——安娜，53 岁

安娜因为自己在露易丝年幼时，没有给予足够的亲密感而觉得内疚，所以她想尽力补偿，每当露易丝有需要，她就会丢下手中的一切工作。做心理疏导期间，我和安娜谈了她内疚的感受，她承认自己深受这种感觉折磨。我问安娜，她的母亲在她年幼时表现得如何。原来，她的母亲和外婆也同样没有表现出足够的亲密感，这其实是整个家族的问题。安娜恍然大悟，现在，她可以跟家族里的其他女性一起分担责任了，这让她大大松了一口气。

在这个例子里，安娜的内疚感并不是真正的问题。内疚感代表的是她的心理状态，也就是说，她希望自己可以做得更好。如果她一点也不在乎，情况会变得更糟。学会为内疚感挪出空间、与之共处，能让情况变得更好。

安娜采取的补偿策略，才是更大的问题。这些行为传达给露易丝的信息是：我所遭遇的问题，都是母亲的责任。剥夺其他人应该负起的责任，对任何人来说都是欠妥的，包括我们已经成年的孩子。该为他们的幸福负责的人，是他们自己，不是父母。这点非常重要。

露易丝已经是个成年女性，她才是唯一能为自己创造幸福生活的人。无论安娜多么想补偿女儿，都不能代替露易丝这么做。露易丝的童年创伤给她提供了成长的机会，只有她自己才能把痛苦转化为收获，创造让自己满意的生活。

身为父母，我们可以帮助并支持已成年的孩子，如果负担得起，甚至可以为他们付费，帮助他们去接受心理治疗——如果我们觉得有帮助的话。但是，我们必须克制自己，允许他们直面属于自己的危机、做自己的选择，并为此负起责任。

在这一切发生时当个旁观者，说来容易，但做起来很难。我们非常渴望帮助孩子度过他们人生中的艰难时刻，因此，眼睁睁看着他们因为失败而痛苦，可能会让人难以忍受。然而，只有不过度干涉孩子的人生，才可以看到他们成长，见证他们在面临并克服挑战时获得的快乐与骄傲。

与其过度干涉成年孩子的人生，不如专注地扮演好他们的模范。

除了接受心理治疗，安娜也通过练习瑜伽和冥想来增进自己表达亲密感的能力。一开始是想为她的女儿树立榜样，但后来成了安娜新的生活，她开始用一种新的方式享受人生。同时，她也在准备成为一个充满爱、关心他人的外婆——要是有一天她有机会迎接外孙的话。

给孩子比我们曾经获得的更多，并不容易。每个家庭都有属于自己的挑战，只是大小的差别而已。有些家庭会遇到暴力问题，有些家庭会面临严重冲突，有些家庭则可能容易产生焦虑或抑郁。不良的情感模式会代代相传，但你可以通过接受治疗并改善自己，停止负面的传承。只要你想办法把更好的做法传下去，就会产生正面的影响。如果你因为严重的家庭问题而感到筋疲力尽，还依然期待变成孩子眼中的完美父母，那你很有可能因为内疚感而丧失行动力。

实例 2——对虚假的笑容感到内疚

我的母亲没受过什么教育，而我则拥有高学历。我母亲发表的拙劣见解，在我看来实在很蠢，而且我会因此被激怒，但接着我就会开始生自己的气。文化水平不高并不是她的错。之后，当我和她在一起时，我注意到，每次她看着我的时候，我都会露出微笑。

——布莉琪，37 岁

如果布莉琪敢为自己的感觉挺身而出、放弃装出笑脸，她跟母亲相处时的压力就不会那么大，而她母亲或许也会因为不必面对灿烂却虚假的笑容，感到比较自在。如果知道自己的意见会让女儿想翻白眼，她母亲可能会很难受，但事实就是如此。比起维持虚假的现状，真实地表现出来是比较好的。让别人维持对自己的幻想需要付出很多精力，而这是在浪费时间。

实例 3——对童年的欺凌感到内疚

当我还是孩子的时候，我会欺负弟弟比尔。比尔在青少年时遇到过很多问题，他觉得都是因为被欺凌的关系。就算现在已经是成年人了，他还是会遇到很多问题，也会跟我保持距离。

我当然感到很抱歉。每次看到或听到他的问题时，我就会退缩。跟他在一起时，我会倾听他的问题并尽己所能帮助他，但他几乎从来不会接受。

每次周末跟比尔共处之后，我往往会有一种空洞的感觉，觉得只是在白费力气。

——汉斯，62 岁

不管汉斯道歉多少次或做出多少补偿，也无法改变已经发生的事。唯一能承担这些责任的人，只有比尔自己。

汉斯应该表达他的无能为力，而不是在各方面想办法取悦比尔。他可以对比尔说："但愿我们能回到过去，让一切重新来过。"

我们可能会有各种理由，觉得自己应该牺牲快乐，在别人需要的时候陪在他们身边。但是，当我们这么做的时候，最终却对我们想帮助的对象造成了负担。我们当然可以假装自己很享受自我牺牲的感觉，这不仅可以骗过他们，甚至可能骗过我们自己，但长远来看，这样做很少会有好的结果。

原谅你自己

内疚其实是压抑的愤怒。愤怒会迫使我们去做某些重要的事情，例如遵守我们对自己或他人的承诺。但是，在我们无法或不想改变某些事情的情况下，这样做可能只是浪费精力。

当你无法满足自己最亲近之人的需求时，自我批评是没有帮助的，而且这么做也没有任何意义，因为你没有认清自己的界限。此外，如果因为你的无能而让所爱的人面临额外的挑战，其实也未必是灾难——没有人会一直过着一帆风顺的生活，而挑战也可以转化为机遇。

我们都会犯错，但也会从这些错误中学到东西。我们必须努力和自己以及我们所做的选择和睦相处。

有时候，自责纯粹是自我惩罚，是一种面对不愉快时的防卫机制。例如：做了的事就是做了，没有人可以改变；坏事会发生在自己或其他人身上，都是我的错；我显然不像自己认为的那样好。在我们能够卸下心防、原谅自己之前，可能会有很多内疚的感觉需要被消化。

最有可能的情况是，对于你当时所知的一切，你已经尽力了。如果你清楚地知道自己的行为完全出于自我中心主义，甚至违背了自己的价值观，记得要为有勇气承认并接受自己内疚的行为表扬自己。不要判自己“终身监禁”、用余生来惩罚自己。如果你实在无法与内疚感共处，可以找一个信得过的人聊聊。

原谅自己并不代表你从此不会再自我折磨。你并不能完全掌控自己的情绪。原谅，可以是决定不再惩罚自己，然后尽最大的努力，专注于正向思考。

你可以这样练习

你也曾经过度补偿过别人吗？

回想一下，你是否曾因为想替自己说过、做过或曾有过的感受而过度补偿别人，是否因为远超自己的能力所及，而在一段关系中备感压力？

第十章

内疚清理练习

当你意识到这有多么非理性的时候，
就可以挣脱它的束缚。

我们感受到的内疚，有时会比当下的实际情况还要强烈。当我们对内疚感发出“需要付出什么代价，才能让它放过自己、不再折磨自己”的诘问时，非理性的内疚感就会被揭露出来。当你意识到它的非理性时，就可以挣脱它的束缚。

在这一章，我会进一步说明该如何应对非理性的内疚感。在此之前，我们先分清内疚与羞愧之间的区别。

内疚和羞愧的区别

内疚和羞愧最基本的区别有以下两点。

- **内疚和“行为”有关。重点在于你做了或没做的事情。**
- **羞愧和“状态”有关。**

内疚感指的是如果你感到内疚，通常可以解释自己做了什么或没做什么，才导致某件事发生。羞愧就不同了，它通常是对于某种状态的模糊感受，比如某件跟你有关的事让你或别人觉得尴尬。你可能会在跟自己外貌相关的事上感到羞愧，比如，你的发量太过稀疏，或是你发现自己把酱汁洒在了衬衫上。你也可能会因为自己想做的事情，或是某种你觉得尴尬的经历而感到羞愧，比如，你爱上某个根本没机会发展恋情的对象。事实上，各种事情都可能让你感到羞愧。羞愧的感觉往往和情绪或是其他人很难觉得尴尬的特质有关。

羞愧感因人而异。某个人可能会对自己的爱感到羞愧，而另一个人却可能会对自己的愤怒感到羞愧。你也可能会感到羞愧，却搞不明白到底是自己身上的什么特质，让自己如此羞愧。

如果是内疚，我们的焦点就会放在已经造成的伤害上，比起和羞愧有关的尴尬感受，我们通常会觉得有必要做些什么。

感到羞愧时，我们很少会因为特定的事情自责，除了在某些我们觉得自己应该把这种感觉隐藏得更好的情况下。羞愧是没办法弥补的，而且，我们通常除了想躲起来，不会想做其他事情。

在我的著作《我就是没办法不在乎》里，你可以读到应对羞愧的方法。

非理性内疚的破坏力

非理性内疚和理性内疚的差异在于，它和你所拥有的影响力是不成正比的。如果是针对某件你根本无力掌控的事，感到内疚就是非理性的。比如说，你的母亲被迫嫁给一个她本来不会嫁的对象，或是你可能生“错”了性别，不符合父母的期待，你就可能会因为自己被生下来而感到内疚。又比如说，你的情绪并不是伴侣或孩子需要的，你也可能会因此感到内疚。这些情况下的内疚是非理性的，因为你不应该对某件自己无法掌控的事情感到内疚。你无法决定自己对某个人的感觉，也无法决定自己生来是男性或女性。

非理性的内疚与羞愧有着相似之处。你很确定自己做错了，但不太确定到底是什么事，也不确定自己可以做些什么来弥补。你会觉得自己应该要做些什么，可能是因为你认为自己对当下情况的掌控力和影响力比实际上要多。

我去看父亲的时候，他总会把大部分时间用在给我提建议上。我觉得难以忍受，尽管我想对他好一点。我一直在思考，希望能想出和他展开建设性的对话方法。

每次我要离开的时候，他总是觉得太早了。“你刚来啊”，他总会这样说。在回家的火车上，我觉得又累又难过，不想做任何事情。对于父亲过得不好，而我显然没办法帮助他一事，我觉得很内疚。

有一次回家后，女朋友对我说：“鲁纳，你已经尽力了，没有人可以要求你做更多。”接着，我哭了，我能感觉到自己一直以来有多难过。当时的感觉就像压在我胸口的大石头被打碎了，于是我又有了足够的心灵空间，可以再度感到快乐。

——鲁纳，42 岁

感觉到非理性内疚时，你会很想做些什么，即便你通常不知道该怎么做。这也是让人苦恼又难过的原因。

鲁纳因为没能让父亲感觉更好而怪罪自己。这份内疚感迫使他和自己变得疏离，这种感觉实在太过强烈，使得坏心情持续了好几天。但渐渐地，他学会如何让他的女朋友来帮他，好让他能更快地做回自己。

在许多情况下，我们很难断定内疚感是出于理性还是非理性。在理性的内疚中，通常蕴含着成长的潜力；而非理性内疚只会让你的良心更加不安。比如说，你和自己的伴侣分开，之后对方崩溃了。如果你觉得都是你的错，良心不安的感觉就会变得严重。或许你有责任，但并不是你一个人的错。你的伴侣之所以会想不开，主要还是自己的责任。

非理性内疚必须被揭露出来，你才能明白，它和你的情况有多么不相关。当你终于明白这种内疚并非出于理性时，就可以检视它、质疑它：为什么破坏力会这么大？你受到了怎样的伤害？以下两个练习，可以帮助你仔细探究当下的情况。

练习一：检视你的内疚

非理性的内疚感，可能很难被发现。写一封道歉信可以帮助你更贴近自己的想法，看清楚当下的状况。

写信的时候，记得放下理性的自己。你只需单纯地通过道歉的行为，让你的内疚自己发声，不要预先审查。

例如：有一天，亨瑞克的前女友顺路来看他。她到现在还是很喜欢他，不但花了很多时间打扮，还带来了很丰盛的餐点，并且替他补好了裤子上的洞，尽一切所能想让他开心。等她离开之后，他不但觉得心力交瘁，还感到良心不安。

下面是他写的道歉信。

我很抱歉，我并不像你喜欢我那样喜欢你。

我很抱歉，我们在一起的时候我觉得很无聊。

我很抱歉，我已经不再爱你了。

我很抱歉，我浪费了你的时间。

我很抱歉，即使分手后你并不开心，我却觉得很开心。

写完这封信之后，亨瑞克才明白，以非理性的量测器来看，他的内疚感早已超越红线；他也才明白，他就是无法产生前女友乞求他能有的感觉。

练习二：表达你的无能为力

我们可以利用“但愿”这个关键词，来表达自己的无能为力。当亨瑞克改写了他的信之后，他感到松了一大口气。

但愿我能像你喜欢我那样喜欢你。

但愿我能变得心潮澎湃、朝思暮想。

但愿我能让你开心，只要我也能爱上你。

但愿我能许你一个和我共度余生的未来。

但愿我们两个都能开心。

再举个例子：伊娃刚参加完一场家族的生日派对。她其实没什么心情，而且她妹妹在跟她道别的时候看起来有点疏离。回家之后，她感觉自己超级失败。

下面是她写的道歉信。

我很抱歉，我很累。

我很抱歉，我没有满场打转、跟每个人聊天。

我很抱歉，有段时间我就只是坐着发呆。

我很抱歉，我并不开心，也不觉得好玩。

我很抱歉，我对派对上的许多谈话一点也不感兴趣。

我很抱歉，我没办法让气氛变得和缓。

之后，她把道歉信改写成了表达无能为力的信。

但愿我能有更多精力。

但愿我跟每个人都能说上话。

但愿我能表现得更和善且周到。

但愿我能让每个人都开怀大笑。

但愿我能觉得更受到鼓舞。

但愿我能在每个人身上散播欢乐。

写完第二封信之后，她赞许自己的好动机，而且觉得心情好多了。

接下来，是另一个可以用来检验并应对非理性内疚的工具。

让你的内疚发声

从内疚感的角度出发，写一封信给自己，让它告诉你，你该怎么做，才能不再对当下的状况感到内疚；让它把信息传递给你。以下是卡罗琳写给自己的信。

亲爱的卡罗琳：

别再拒绝他了。你看得出来，这样会让他心情很差。他需要你的陪伴。想想看，他可能会觉得很孤单、感觉被遗弃，你要必须更爱他。他已经为你做了一切他能做的。对他展现更多美好的一面，这是你欠他的。你必须确保他一直都觉得开心。这是他应得的。

卡罗琳的内疚感敬上

等你写完这封信之后，再罗列一份清单，列出信里提到的控诉。以下是卡罗琳列的清单。

我应该要像他爱我那样爱他。

他值得被爱。

我应该在他身边陪他。

我必须让他感到开心。

他值得最好的对待。

等她让自己的内疚感发完声之后，一切就很明显了。能达到这些要求的对象，是一位全能的上帝，而不是像她这样的凡夫俗子。

等她列出清单后，再以拒绝的方式回答每一项控诉。以下是卡罗琳的回答。

你无法决定自己要多爱某个人。

被爱并不是应得的。

每个人都需要时间跟自己相处，不能任人差遣。

他才是那个应该想办法让自己的生活过得开心的人。那并不是别人的责任。

没有人不会面对困难或失望。我们都必须和自己生活中的痛苦共存，而痛苦往往是通往崭新世界的大门。

让他尝尝艰难的滋味，他就会变坚强。

通过练习，卡罗琳意识到她对自己的要求有多苛刻、多不可能达到。这个认知改变了她脑中的负面想法，也挪出了空间，好接纳其他更具意义的想法。

这项练习的重点在于，不要只是在心中琢磨，要把自己的想法写下来，跳脱出来检视它们。买一本标准尺寸、内页空白的笔记本（不要横线或方格的）。允许你的内疚在左侧发声，然后你在右侧做出回应，这样就能对照自己的内疚和相应的回应。

有时候，情绪会告诉你一些不同的信息。比如说，在经历一场彻底失败的会议后，你可能会感到内疚，即使你很清楚自己已经尽力了。又如，你可能因为一场交通事故而感到内疚，即使你被别人追尾这件事，根本没有办法避开。一边是理性，一边是情绪，两者都可能影响你、牵引你走向不同的方向。又或者它们可能会轮流成为主导。写在纸上检视它们，能让它们之间的冲突变得泾渭分明，也能让你更从容地思考应对策略。

做完笔记本里的练习之后，你可以坐下来，交替阅读两边的信息。让自己的眼睛在左右两边来回移动。花点时间想想它们的差别，感觉一下它们会如何影响你的内疚感。

把笔记本打开，放在自己经常经过的地方，好让它提醒你，你感到内疚的想法未必是真的。每次感到内疚的时候，就可以把笔记本拿出来用。

要是你觉得回应内疚很困难，跟别人谈谈或许是个好主意。对一个局外人而言，总览一切会比较容易。

或许你也可以在以下叙述中找到方向。你会读到几个例子，了解哪些情况不是你的错，其中最后一个例子，则说明你可能有义务采取的行动。

你不用为别人的情绪负责

你不用为任何人的情绪负责。就算他们有跟你相关的情绪，那也不关你的事。我们不能选择自己的情绪。

成年人应该对自己的生活负责。每个成年人都有责任为自己创造幸福的生活，也有责任把逆境转变为成长的契机。

没有人可以要求拥有一个完全缺乏挑战的人生，无论他是多么完美的人。

你的能力是有限制的。你不欠任何人，不需要做超过你能力范围的事情。

没有人可以要求你无条件去爱自己身边所有的人，比如说，要求你必须给孩子你从未拥有过的一切。

你有义务采取行动。当你辜负了别人的期望，或是由于你的问题伤害到他们的时候，你有义务尽力去帮助他们。

在下一章中，将有更多关于非理性内疚的说明，以及如何理解并应对它的方法。

你可以这样练习

道歉信与回应清单

回想某个曾让你感到内疚的情境。

写一封道歉信，说你对一切感到抱歉——包括完全不可能也不公平的那些状况。接着用“但愿”这个关键词，把每一则改写成无能为力的陈述。把这个过程对你的心情产生的影响记录下来。

你也可以回想另一个情境，从内疚感的角度出发，给自己写一封信，吐露心声。整理一份清单，列出信里所有的要求或控诉，并针对每一项进行回应。除了要求和控诉，也写下你的回答，让它们并排，一目了然。

第十一章

更深层次的释放

仔细想想，在你的内疚之下，

是否隐藏着一些你不想面对的事或其他情绪？

如果你的内疚感不符合当下处境，它就可能会是被掩盖的愤怒、不被允许的快乐、无能为力的感觉，或是你还没准备好要面对的悲伤。

分辨“能够改变”的事情和“最好接受”的事情是很重要的。你若是奋力想改变不能改变的事情，很有可能会把怒气发泄在自己身上，让它变成内疚感。

如果你的内疚感是非理性的，可能是某种迹象，预示着有什么事即将发生。你的内疚感可能掩盖了你不想面对的现实，或是愤怒、无助与悲伤之类的感受。它也可能是一种防卫反应，让你不想承认自己感觉到的快乐是错的。

因快乐感到内疚

内疚有时候可能会过头了，从而掩盖了某种不被允许的情绪，你甚至一点也不想承认这种情绪的存在。比如说，你可能会因为自己更漂亮、更有钱、更聪明、更健康，或在其他方面比其他人好而感到开心。有些人会觉得这样是不对的，他们认为这种开心的感觉是幸灾乐祸。但即使是幸灾乐祸，也是一种不会伤害任何人的快乐，除非你故意告诉那个人。

控制情绪并不容易。不过，针对内疚感做些什么相对比较容易呢？有一个很简单的方法，就是改变你的个人习惯，比如不再拿自己跟别人比较。

愤怒只是用来掩饰其他情绪的情绪

在某些案例中，当配偶因病死亡后，留下来的一方往往会变得愤怒。这样的愤怒可以被理解为一种危机迹象。就某方面来看，当事人和自己的内心是疏离的，他还没准备好面对现实，或是缺乏纾解情绪的能力。

如果他是那种会把愤怒抒发出来的人，就会将怒气指向某个他认为应该为配偶的死亡负责的人，比如医生、护士或是开车太慢的救护车司机。如果确实没有人做错，他或许会把怒气指向死者、家人或是死者深爱的人，因为他觉得死者生病的时候，这些人陪在他身边的时间并不多。

相反，如果他把愤怒压抑在心里，就会演变成内疚和良心不安的感觉。这些感觉的重点可能会放在配偶濒临死亡的那些日子，他会希望自己当时能做得更多，或是更多地陪伴死者。内疚感也可能跟他和死者的关系有关，他会觉得自己应该说更多好话，或是为死者付出更多。

无论怒气指向谁，都可以被视为是一种不想面对现实的防卫反应。只要他的想法只专注于过去，例如幻想事情可以变得更好，死亡的感觉就不会这么真实。他可能会短暂地欺骗自己，觉得他所有的愤怒或遗憾都可以改变现实。

当内疚的感觉发挥了防卫作用，他就再也不想说出愤怒或良心不安的感受。这样一来，他身边的人就会很难理解，为什么在他们看来极为平常的话语或行为，却会让他感到如此内疚。把遗憾看作对抗其他情绪，或不想面对可怕现实的防卫反应，一切就都说得通了。只有在一段时间过后，当他开始感觉做回原来的自己，才可能明白没有人是完美的，也明白自己的行为只是普通人的反应，是可以被原谅的。

同样的机制也可能发生在其他情况中，比如失去伴侣、失去朋友、失业，甚至失去健康。在这些情况中，良心不安的感觉也可能会像厚重的毯子一样裹住你，保护你不去面对还没准备好要承认或没有能力处理的情绪。

内疚是对无助和悲伤的防卫反应

回顾上一章的案例，鲁纳因为自己的父亲过得不好而感到内疚，在内疚之下可能还隐藏着其他情绪。鲁纳因为父亲总是给他不必要的建议而感受到的怒气，被埋藏在内心深处，也许还掺杂着一定程度的悲伤，因为他没有从父亲那里得到他想要的东西。

他的内疚实际上是压抑的愤怒。鲁纳内心存在着某种机制，让他在和父亲的接触中，选择把自己的愤怒压抑下来。对某个强大的人感到生气是很合理的，因为你相信这个人有能力改变一切。或许鲁纳在潜意识里觉得他比父亲更有能力，但他高估了自己，觉得自己可以拯救父亲。如果对方不是真心想被救赎，你是不可能拯救他的。鲁纳的父亲并不想改变，他宁可维持自己的地位，对儿子提出建议。

鲁纳的内疚，是基于他能改变这个情境的幻想。眼睁睁看着父亲无助、痛苦，鲁纳十分难过。他极度希望父亲可以过得好，但也很难放下自己想要拯救父亲的愿望。然而这其实是一种幻想，让他认为自己应该帮助他的父亲。如果他能够把自己内心的某些怒气发泄出来，用它们来设立界限，拒绝父亲的那些建议，会是比较好的做法。

当你在某段关系中感到内疚，试着找出你无法面对或承认的现实情况，会对你很有帮助。如果关系中的对方过得不好，也缺乏与你积极相处的意愿，你就会觉察到潜藏在表面下的愤怒和悲哀。

重点是：你想要什么？

知道自己在关系中想要什么，是很重要的。情绪，其实就是对于你的期望能否被满足而产生的反应。

如果你得到了你想要的，就会觉得快乐。

如果你觉得自己可以通过“战斗”争取到想要的东西，你的愤怒程度就会随着“战斗”意志而上升。

如果你放弃了自己想要的东西，悲伤就会让你不得安宁。

如果你还没准备好面对现实、感受自己内心的悲伤或“战斗”的意志，内疚和良心不安就会像浓雾一样悄悄地潜入你的心里。

走出迷雾的第一步，就是发现自己到底想要什么。

通过以下的小练习，你可以寻找自己在关系中想要的是什么。

从某个你感到内疚的对象的角度，写一封信给自己。在信里写下所有你希望听到对方说出的话。自由发挥你的想象力，无论你的理性思维会提出怎样的反对意见。这些内容是否合乎现实，一点也不重要。试着深入探索你的内心，察觉你真实的想法。想想对方说哪些话，你可能会感到开心且满足？

鲁纳写了下面这封信。

亲爱的鲁纳：

我很开心你来看我。谢谢你过来，尽管我知道你有很多事情需要处理。你的来访温暖了我的心，这种感觉将持续很长一段时间。

有你这样一个优秀的儿子，我很骄傲也很开心。我知道你偶尔会遭遇困难，如果有任何我帮得上忙的地方，请你一定要告诉我。

爱你的父亲

这封信让鲁纳明显察觉到，他多么希望父亲过得开心，并为他感到骄傲。

找出你可以改变的事情

当你知道自己想要什么之后，就会来到某个相当重要的十字路口。你可能对雷因霍尔德·尼布尔充满智慧的祷告词有印象。

上帝，请赐予我平静，去接受我无法改变的；
请赐予我勇气，去改变我能改变的；
请赐予我智慧，去分辨这两者的区别。

当你正置身事内，情绪和渴望全都纠结在一起的时候，要分辨“能够改变”和“只能接受”的事情并不容易。让自己和当下的情况拉开一段距离，可以帮助你做出判断。

想象你是一名警察。问问自己：**这当中有哪些论点是你可以接受的？又有哪些论点是你反对的？**

不要管你的情绪和直觉。这就是警察会采取的做法，因为情绪和直觉可能会受到你的目标的影响。

问题和答案必须非常具体。比如，鲁纳可以这样问自己。

我父亲过得不好已经多久了？

他曾经也是个中规中矩的人吗？

有其他人试图帮助过他吗？

他们成功了吗？

他有因此而感恩吗？

他说过想要别人帮忙吗？

有没有任何迹象表明，他其实不想改变？

你可以写下和自己的情况相关、具体的问题，接着写下你的答案。

当你试着尽可能客观地看待某件事情时，就可以厘清一切。如果你最终领悟到，你跟某个人的关系或对某个状况确实无法改变，你会感到悲伤。但是接下来就只是好好哭一场，把情绪都发泄出来，继续向前走。在你痛哭的同时，良心不安会消失，但事情不会改变。你的愿望是自己的一部分，你要承认它们的存在、用友善的眼光看待它们，这是很重要的——即便最终无法实现。

愿望并没有错，当你因为得不到想要的东西而感到悲伤时，若能支持这些愿望，就能避免感到内疚和羞愧。或许你依然能感觉到这些愿望，也会遗憾自己无法实现它们。但是，为争取想要的事物而努力、希望能够改变某些事，相比认输并转而把你的精力用在其他事情上，两者其实有很大的不同。前者就像是你敲一扇用砖块堵住的门，却因为打不开门而怪罪自己；后者则像是你转身去寻找另一扇可能已经打开一条缝的门。

有时候，你只是需要先接受当下的状况，而不是放弃你的愿望。

当你太轻易放弃的时候

生活中有的一个平衡点，就是分辨何时该战斗、何时该放手。

如果你的反应够灵活，就会发现天平其实会来回摆荡：这一刻你最好走开，而下一刻可能会发生某件事，让你必须放手一搏。

莉妮雅放弃了对她来说可能不切实际的接受教育的机会，要是她寻求帮助并再多相信自己一些，情况可能会发生转变。麦兹则是抛弃了他的渴望——找一个女朋友。有些人实在太轻易放弃了，如果你属于这样的人，就需要遵循不同的路径，一条带领你为了自己想要的东西而战斗的路径。

通常，你会比较擅长其中一种模式。如果你是一个习惯战斗的人，像一只永不放弃的斗牛犬，你就需要训练自己放手——体验随之而来的释放感。

你可以这样练习

发现隐藏的情绪

回想一段曾让你感到良心不安的关系。仔细想想，在你的内疚之下，是否隐藏着一些你不想面对的事或其他情绪？

- **是否有什么事情可能惹你生气？**
- **有什么事情是你忽略的？**
- **有哪些是不被你允许的快乐？**

给自己写一封信，想清楚自己在关系中想要的是什么。写下你希望听到对方说的话。如果你领悟到自己无法得到想要的东西，请为悲伤挪出空间。否则的话，你可能会陷入困境之中。

第十二章

放下掌控一切的幻想

意识到自己的影响力和能够掌控的范围是有限的，可能会让你松一口气。

本章重点整理

孩子往往会高估自己的影响力，心理学上称之为“全能感”。有些人需要很多年的时间才能改变这种全能思维，包括对自我重要性、掌控度和影响力的认知。

敢于面对自己的无能为力，放弃不切实际的梦想和希望，我们就可以把大量的内疚和自责抛诸脑后。

当放下某些期望，你可能会松一口气。悲伤会激发出对他人的关怀，而当你不再感到悲伤时，你就要准备好往新的方向迈进了。如果你能深入探索悲伤的感觉，内疚感就会逐渐消退，而且往往会消失殆尽。

当我开始领悟到，姐姐和我再也不会像小时候那样亲密时，我被悲伤的感觉打败了。姐姐一直都像母亲一样，她是我心中的磐石，和她在一起的时候，我感觉可以做真实的自己。

我实在无法忍受她的丈夫和孩子占据了她的大部分生活。我试过各种方法让姐姐开心，希望能再让她觉得我很重要——但因为一再失败，我总是对自己感到生气。

现在我明白，我必须面对自己的失落。但当我感到太悲伤时，我会把它放到一边，想想自己可以做些什么，好让我们亲密起来。另外，我感觉我给了自己太多压力，到最后我只觉得良心不安。当我再度放弃希望，告诉自己："亲爱的埃达，你想要的情景已经不可能发生了，但这并不是你的错。"悲伤就会一点点消失，接着我就感觉轻松多了，对自己的评价也变得更好了。

——埃达，32 岁

有些人会挣扎很久，就像心理治疗师本特·福克说的："坚强的人受的苦最多。这些人花了太多的时间，就是无法认输。”坚强的人会坚持奋战，直到耗尽所有的能量和精力。

埃达是一位意志坚强的女性，不会轻易放弃。她遭受了许多打击，经历了一次又一次的失落，到最后甚至开始怪罪自己。尽管如此，她还是继续奋战了好几年，直到她到达临界点，终于能承认自己的失败。我们都知道拒绝放弃奋战是什么感觉，即便那会让我们自我消耗，即便我们知道一切努力注定会失败。我们往往需要放弃掌控一切的幻想。

责任和掌控

承担的责任或内疚越多，相信自己拥有的影响力就越多，其中就包含某种形式的安全感。如果和伴侣的关系变差是你的错，你同时也会是那个可以让它变得更好的人；如果那不是你的错，你就没必要去拯救它了。对于它会往什么方向发展，你其实没有影响力。

孩子会承担比他们真正需要承担的更多的责任。他们常会高估自己的影响力，心理学上之为“全能感”。

有些人需要很长时间，才能改变“全能感”的思维，包括对自我的重要性、掌控度和影响力的认知。他们会承担一切责任，并用超出自己掌控范围的部分怪罪自己。

我的约会对象让我坠入了爱河。她拥有我梦寐以求的一切条件：漂亮、充满魅力、聪明，而且幽默。我们很快就变得亲密起来，简直是美梦成真。直到三个星期后，她突然不再接我的电话。

我的心都碎了，我在自己的公寓里来回踱步，无法平静下来。当我回想我对她说的每一句话，我总是忍不住啜泣，感到无比后悔——这句话听起来真是太蠢了，那句话听起来真是太自私了。我把每句话都放在显微镜下检视，把自己批评得体无完肤。或许，我追求她的步调太快了。

一年后，我才想通，她从来就没想过要和我发展更深入的关系，我们之间只不过是一时的激情罢了。

——拉尔斯，38 岁

当女孩不再接电话，拉尔斯立刻就为约会对象的离开负起了全部责任。当我们发现自己面临的状况出现了意料之外、令人不快的反转时，这其实是很典型的反应。我们认为只要自己承担起全部的责任，就可以改变状况。

拉尔斯花了好几个月的时间才不再自责，并且领悟到他做什么也没有用，因为她就是不想再见到他了。

接下来是我自己的亲身经历。正如我在前面几个章节提到过的，多年来我因为和母亲的关系疏离而感到内疚，并为此深受折磨。我的内疚感源于自己想掌控一切的幻想。我觉得如果自己把每件事都做对，就可以让母亲变成一个情绪稳定且温暖的人。几十年来，我一直怪罪自己，直到有一天，我终于想办法放下了掌控一切的幻想，并反过来感受自己的悲伤和无力感。直到那时候，内疚感才放过了我。

高估自己克服人生挑战的能力，可能会很痛苦。现在我才明白自己有多可笑，竟然承担了这么多远超过自己的掌控能力的责任。我实在太高估自己了，简直是自不量力。

我用了很多年，才学会对渴望却做不到的事（得不到的东西）释怀。当我意识到自己能掌控的范围根本不是我认为的那样，即便我依然能感受到大量的情绪，但这些情绪中，几乎一点焦虑的成分都没有。如果感到焦虑，不妨向好友诉说，那会比你独自面对要好很多。

当敢于面对自己的无能，接纳其中的不安与悲伤，前进路上就会有丰厚的奖赏等着我们：我们将不会再一心想着内疚，并用良心不安折磨自己。

在非洲，人们会用装满坚果的箱子当作陷阱来捉猴子。箱子的开口小到猴子只能勉强伸进手去。当猴子握住坚果时，因为拳头太大了，无法抽手又不舍得放弃，猴子就这样被困住了。同样的道理，因为我们不肯放手的东西太多了，所以被困在痛苦的挣扎中。有时候，放手正是通往自由的途径。

把内疚转化成悲伤

愤怒是一种战斗的能量。有时候，你会用它来对抗自己，但最后可能以压力和忧郁收场。

如果你打算正向面对自己失去的东西，可以试着为它们哀悼。悲伤会为你带来平静，眼泪会激起别人充满爱的支持。当你敢于同别人分享自己和失去有关的感受时，就能收获深刻的爱和极大的亲密感。

给你已经失去的东西写一封告别信，可以帮助自己把内疚转化成悲伤。也许你失去的不过是希望或梦想而已。试着深入探索你的内心，想象你最想要的事物，接着与曾经拥有它的感觉告别。在告别时，“谢谢”永远是很重要的词汇。如果你能找到值得感谢的事物，就更容易学会放手。

以下是鲁纳写的告别信。

亲爱的梦想：

我曾梦想有一个让我感到温暖、跟我亲密的父亲，他有很多时间和精力可以陪我。我以为自己是唯一能够并且应该确保自己实现这个梦想的人。

但这对我来说负担太重了，我觉得自己像一个失败者。

不过，高估自己拯救了我。

因为它给了我希望，非常感谢。

但它也给了我强烈的内疚感，让我几乎沉溺。

再见了，我的梦想，谢谢你的陪伴。

再见了，我的希望，希望父亲成为一个快乐的人。

再见了，我的梦想，梦想等我学会做正确的事之后，跟父亲能够处得很好。

再见了，如果能和一个让我感到温暖、跟我亲近的父亲相处的话，我将会有充满活力的感觉。

再见了，我从来不曾拥有过、未来也永远不会有机会拥有的那些。

现在我再也不会去拉一扇永远打不开的门了，而我也会把眼光放到别处，这样我就有机会找到能打开的门。

爱你的鲁纳

下面是另一封告别信，收信的对象是抽象的事物：梦想接受学术教育。

亲爱的梦想：

你永远不会有机会实现了，我现在已经明白。但是我很享受幻想的感觉，幻想等我完成学业之后，我的人生会变得很美好。

尽管发生了许多事情，还是要谢谢你，为了我在学习时曾有过的美好时光，以及我所学到的一切。而现在，我要放下你了。

再见了，我想接受学术教育的梦想。再见了，我所有的幻想和梦想，梦想我将如何庆祝自己拿到学位。

再见了，我一直想象自己拿到硕士学位的梦想。

再见了，我一直期待得到的所有赞赏。

再见了，看到我的父母会有多么骄傲的期待。

我一直很享受这一切的梦想。再见了，也谢谢所有的梦想。

谢谢我自己，能够把握机会、勇于尝试。

哭完之后，我很确定我会找到另一个我可以得到的更好的教育。

爱你的约尔根

当放弃挣扎时，我们就可以把大量的内疚和自责感抛诸脑后。

再举一个例子：西塞儿一直因为体重跟自己过不去。她觉得自己腰部的脂肪太多了，就像她母亲年轻时一样。年轻的时候，她很看不起自己的母亲，因为母亲不肯减肥，不肯甩掉腰上的那圈赘肉。但是，等到西塞儿有了孩子之后，她却面临着一模一样的问题，为此她很生自己的气。下面是她写给自己的梦想的告别信。

亲爱的梦想：

现在我要放手让你走了。

再见了我的希望，希望有一天我可以穿上生孩子之前买的牛仔裤。

再见了，觉得我比母亲还厉害的感觉。

再见了我的希望，希望体重能降到我想要的数字。

再见了我的梦想，梦想能看着镜中的自己，享受看到镜中那个纤细女子的感觉。

再见了我的自信，靠着想象我能拥有苗条身材所获得的自信。

现在我会再次出发，在其他领域寻找我的自信和自尊。

西塞儿敬上

当西塞儿放弃想变瘦的挣扎之后，她也摆脱了许多感受，包括失败感、无能感以及内疚感。

你可以这样练习

撰写告别信

回想某个曾让你感到内疚的情境。

仔细想想当时有什么是你可以放下的，也许是希望，也许是你一直努力想达到的某些目标。

写一封告别信，好好品味把内疚转化成悲伤的感觉。

后　记

把仁慈传播出去

过度的内疚，是加诸自己身上的折磨。我希望你能利用书中提到的工具，减少过度的内疚感。

出于理性的内疚感，是健康的反应，应该被认真看待。用友善的眼光看待自己，并不等于忽略你的过失与错误。直面现实是很重要的，承认并接受自己的无能为力，同时对自己保有友善且开放的态度。

承认错误永远不会太迟。也许有些事情需要你去弥补，或者你只是需要原谅自己，确信针对你当时所做的一切，你已经尽力了。

如果你用严厉的眼光评断自己，你可能也会同样严厉地评断他人。如果你对自己仁慈，你自然也会用同样的方式对待他人。仁慈是有感染力的，可以像水中涟漪一样传播。

我希望这本书给了你目标和工具，让你可以努力接受自己，用仁慈的眼光看待自己和他人。

附　录

15 种内疚清理练习

以下将摘录本书提到的练习，但请注意，这些练习并非对每个情境都有用。你可以把这份摘要当作所有可能的总览，先从那些与你面对的情境最相关的练习开始。

1. 弥补自己做错的事

如果你真的对自己说过的话或做过的事感到内疚，可以对牵涉其中的人表达你的歉意，甚至提议做出弥补。道歉并没有任何限制。即便存在着不愉快，也没有什么理由让你无法回到过去的关系中。

更多详情，请阅读第二章和第八章。

2. 修正你的人生守则

检视自己遵循的守则，对你和你所面临的情境是否恰当。如果你太容易感到内疚，或许是你的守则或行事准则太严格了。

更多详情，请阅读第四章。

3. 降低你对生活的期待

如果你觉得自己或你所爱的人不需要面对失败、悲哀和危机，那么一旦失望的感觉涌入，并让大家都感到震惊的时候，就会产生太多需要分担的责任。

更多详情，请阅读第四章。

4. 和别人一起分担责任

如果可以和别人一起分担，你就没有理由一人扛下所有责任。除了你，还有谁对某个特定的状况也有影响力？列出影响力清单，并把责任分配给清单上的所有人。可能的话，确定每个人应该承担的责任的百分比。分配给别人的责任越多，你感到的内疚就会越少。即便你卸下了一些责任，你还是可以负起全责，让状况从这一刻起变得更好。在某些情境当中，这样做是最明智的举动。

更多详情，请阅读第三章。

5. 把心里的愤怒发泄出来

写信给其他也有错的人，明确说明他们应该分担的责任，告诉他们应该做或已经做的事情是什么。信件不必寄出，它们只是为你自己写的，这些信或许会让你去找一个或多个也有责任的人谈谈，或者它们只会让你开始用友善的眼光看待自己。

更多详情，请阅读第三章。

6. 检查你的内疚是否出于理性

写一封“道歉信”和一封“内疚信”。在写信的同时，你最有可能发现内疚当中非理性的部分，那可能是你不自觉排除的。

更多详情，请阅读第十章。

7. 原谅你自己

你要决定不再为犯下的错做出补偿。不要用余生来惩罚自己，而是专注于你从此刻起所拥有的机会。

更多详情，请阅读第九章。

8. 检查是否有其他隐藏的情绪

内疚感有时会掩盖其他情绪。试着查明你在一段关系中想要的或向往的是什么。

问问你自己：

有什么事情让我感觉很差吗?

我失去了什么吗?

有什么事情是我怀念的?

我在生那个人的气吗?

即便我觉得这样有点不恰当，我也真的感到开心吗?

更多详情，请阅读第十一章。

9. 清楚自己的界限

你必须明白，在一段关系中，如果对方缺乏责任感，你可能会因为揽下过多的责任而感觉被压垮，而那其实应该是别人的责任。或许你应该在自己和他人的关系中设立界限。

更多详情，请阅读第七章。

10. 放弃战斗

内疚是压抑的愤怒，愤怒是来自战斗精神的能量。有时候，我们所面临的战斗是非常艰苦的，而获得胜利所付出的代价实在太高。仔细想想自己到底为何而战，并考虑目标是否切实可行。你或许会因为放下希望和战斗而感到释怀。

更多详情，请阅读第十一章。

11. 和内疚成为朋友

我们最大的问题，往往是为了摆脱情绪所做的一切。要提醒自己，情绪其实不危险，可是试着接纳它们也并不容易。请对你的内疚保持好奇，仔细检视它，不要让这种感觉牵着你的鼻子走。

更多详情，请阅读第五章。

12. 把内疚视为附加税额

当你做了不符合他人期待的举动时，或许你会害怕他们生气或评断你。这时，你可以试着和恐惧共处，也接受你因为无法让大家都开心而悲哀的感觉。告诉自己，内疚感是你必须付出的代价，因为你做了自己认为正确的举动。

更多详情，请阅读第五章。

13. 把责任奉还给别人

如果你曾在过去的某段时间让别人感到痛苦，你可以表达自己的悔恨和对那件事的遗憾，但不要为此做出补偿，也不要觉得你有责任确保对方过得很好。对方若是成年人，只有他自己才是唯一应该承担责任的人。承担了属于对方的责任，并不是一件好事。

更多详情，请阅读第九章。

14. 承认你也有责任

如果你做的决定伤害了别人，对你来说最好的方式，就是承认你也有责任。不要企图证明你做得没错。承担自己应该负起的责任很勇敢，也很值得赞许。这样做也能帮助你成长。

更多详情，请阅读第八章。

15. 学会赞美自己

准备一个本子，每天写下三件自己做的值得表扬的事，坚持3~4 个月。这项练习可以训练你用友善的眼光看待自己。

更多详情，请阅读第二章。